中华复兴之光
千秋名胜古迹

水利工程遗迹

李姗姗 主编

汕头大学出版社

图书在版编目（CIP）数据

水利工程遗迹 / 李姗姗主编. -- 汕头 : 汕头大学
出版社，2017.1（2023.8重印）
　（千秋名胜古迹）
　ISBN 978-7-5658-2842-3

Ⅰ．①水… Ⅱ．①李… Ⅲ．①水利工程－介绍－中国
－古代 Ⅳ．①TV-092

中国版本图书馆CIP数据核字(2016)第293555号

水利工程遗迹　　　SHUILI GONGCHENG YIJI

主　　编：李姗姗
责任编辑：宋倩倩
责任技编：黄东生
封面设计：大华文苑
出版发行：汕头大学出版社
　　　　　广东省汕头市大学路243号汕头大学校园内　邮政编码：515063
电　　话：0754-82904613
印　　刷：三河市嵩川印刷有限公司
开　　本：690mm×960mm　1/16
印　　张：8
字　　数：98千字
版　　次：2017年1月第1版
印　　次：2023年8月第4次印刷
定　　价：39.80元
ISBN 978-7-5658-2842-3

前　言

党的十八大报告指出："把生态文明建设放在突出地位，融入经济建设、政治建设、文化建设、社会建设各方面和全过程，努力建设美丽中国，实现中华民族永续发展。"

可见，美丽中国，是环境之美、时代之美、生活之美、社会之美、百姓之美的总和。生态文明与美丽中国紧密相连，建设美丽中国，其核心就是要按照生态文明要求，通过生态、经济、政治、文化以及社会建设，实现生态良好、经济繁荣、政治和谐以及人民幸福。

悠久的中华文明历史，从来就蕴含着深刻的发展智慧，其中一个重要特征就是强调人与自然的和谐统一，就是把我们人类看作自然世界的和谐组成部分。在新的时期，我们提出尊重自然、顺应自然、保护自然，这是对中华文明的大力弘扬，我们要用勤劳智慧的双手建设美丽中国，实现我们民族永续发展的中国梦想。

因此，美丽中国不仅表现在江山如此多娇方面，更表现在丰富的大美文化内涵方面。中华大地孕育了中华文化，中华文化是中华大地之魂，二者完美地结合，铸就了真正的美丽中国。中华文化源远流长，滚滚黄河、滔滔长江，是最直接的源头。这两大文化浪涛经过千百年冲刷洗礼和不断交流、融合以及沉淀，最终形成了求同存异、兼收并蓄的最辉煌最灿烂的中华文明。

五千年来，薪火相传，一脉相承，伟大的中华文化是世界上唯一绵延不绝而从没中断的古老文化，并始终充满了生机与活力，其根本的原因在于具有强大的包容性和广博性，并充分展现了顽强的生命力和神奇的文化奇观。中华文化的力量，已经深深熔铸到我们的生命力、创造力和凝聚力中，是我们民族的基因。中华民族的精神，也已深深植根于绵延数千年的优秀文化传统之中，是我们的根和魂。

中国文化博大精深，是中华各族人民五千年来创造、传承下来的物质文明和精神文明的总和，其内容包罗万象，浩若星汉，具有很强文化纵深，蕴含丰富宝藏。传承和弘扬优秀民族文化传统，保护民族文化遗产，建设更加优秀的新的中华文化，这是建设美丽中国的根本。

总之，要建设美丽的中国，实现中华文化伟大复兴，首先要站在传统文化前沿，薪火相传，一脉相承，宏扬和发展五千年来优秀的、光明的、先进的、科学的、文明的和自豪的文化，融合古今中外一切文化精华，构建具有中国特色的现代民族文化，向世界和未来展示中华民族的文化力量、文化价值与文化风采，让美丽中国更加辉煌出彩。

为此，在有关部门和专家指导下，我们收集整理了大量古今资料和最新研究成果，特别编撰了本套大型丛书。主要包括万里锦绣河山、悠久文明历史、独特地域风采、深厚建筑古蕴、名胜古迹奇观、珍贵物宝天华、博大精深汉语、千秋辉煌美术、绝美歌舞戏剧、淳朴民风习俗等，充分显示了美丽中国的中华民族厚重文化底蕴和强大民族凝聚力，具有极强系统性、广博性和规模性。

本套丛书唯美展现，美不胜收，语言通俗，图文并茂，形象直观，古风古雅，具有很强可读性、欣赏性和知识性，能够让广大读者全面感受到美丽中国丰富内涵的方方面面，能够增强民族自尊心和文化自豪感，并能很好继承和弘扬中华文化，创造未来中国特色的先进民族文化，引领中华民族走向伟大复兴，实现建设美丽中国的伟大梦想。

目 录

安徽安丰塘

孙叔敖致力兴修水利　002

孙公祠以及相关的传说　013

新疆坎儿井

020　征服自然的人间奇迹

028　充满趣味的坎儿井文化

京杭大运河

历代开凿的史实缘由　042

给人启迪的文化内涵　058

关中郑国渠

076　十年建造中的一波三折

085　历史久远的渠首和沿革

四川都江堰

092　古往今来的沧桑历史

108　具有丰富内涵的古堰风韵

安徽安丰塘

安丰塘是我国水利史上最早的大型陂塘灌溉工程，选址科学，工程布局合理，水源充沛。它的建造对后世大型陂塘水利工程提供了宝贵的经验。千百年来，安丰塘在灌溉、航运、屯田济军等方面起过重要作用。

安丰塘塘堤周长25千米，面积34平方千米，蓄水量1亿立方。放水涵闸19座，灌溉面积93万亩。安丰塘位于安徽省寿县县城南30千米处，与漳河渠、都江堰和郑国渠并称为我国古代著名的四大水利工程，被誉为"神州第一塘"。

孙叔敖致力兴修水利

在安徽省寿县城南35千米处，有一烟波浩渺的大塘，周长60千米，人称"安丰塘"。传说很久以前，这里是一个县城，因城民贪吃龙肉而触犯天庭，天庭震怒，顷刻间就将城池夷为泽国。

秋冬季节，逢大雾弥漫天气，塘上空水、灰、气、光竟合成海市蜃楼，城郭的倒影偶尔出现，影影绰绰，朦朦胧胧，颇有些神奇。

传说几千年前，东海有一条懒龙，顽皮成性，怠于劳作，被龙王罚下凡尘闭门思过。俗话说："虎落平阳被犬欺，龙入浅滩被虾戏"，一向在天际自由自在遨游的蛟龙，到了人间便陷入了困境，费力地在大塘大堰囚伏着，甚是狼狈。

不久，安丰城附近的居民发现了它。面对这个貌似鲶鱼的庞然大物，人们怎么也不会想到它是天庭之物，于是大家决定同心协力将其宰杀，先将龙头割锯下来，再一刀一刀地把龙肉剐下，凡参加者和劳者都有其肉。

千户人家，除了一户李姓以外，都吃了龙肉，一时间城内炊烟袅袅，肉肴飘香，笑语声声，一片喜庆祥和的气氛。

被丢弃的龙头，被重重地压在大地上，殷红的龙血一点一点渗入地层，这样惊动了土地爷。土地爷见状吓得魂飞天外，龙王接到懒龙被宰割的消息后，悲恸地向玉帝禀报，请求玉帝对凡间不知天高地厚的百姓进行惩治。

玉帝不动声色地听着汇报最后拍板说："龙为人间造福，没曾想却遭到如此毒手，是可忍，孰不可忍。只是，要注意不能滥杀无辜。"

于是玉帝就派天兵天将，扮成乞丐逐门逐户讨饭吃，讨水喝，以嗅该户人家是否吃过龙肉。

在李姓家中，"乞丐"发现没有龙肉的味道，便告诉李家人："城南门有一对石狮，在7天内石狮眼睛会发红，一旦发红将天灾降临，你家每天要安排人密切注视，天象显现马上搬出城外，此乃天机，不可泄露，否则自身也将难保……"

李姓人噤若寒蝉地听着，不住地点头，眼见着"乞丐"化为一朵白云，腾空而去，这才松了一口气。

第七天的早晨，天气异常地沉闷，东方太阳血红血红的，李家老大走到石狮跟前，蓦地发现石狮微动，眼睛泛红，向外慢慢渗着血水，于是大呼不好，赶忙转身就往家跑，并带领着家人向城北方向急奔而去。

他们刚走出城北外墙，只觉天黑地动，一趔趄摔在地上，正在发愣，忽然一阵狂风将几人推出千米开外，在电闪雷鸣倾盆大雨中，城郭一下子陷入地层，白花花的水咆哮着泛上来，顿时一片汪洋，安丰塘便形成了。

其实，这只是个传说。但是，春秋时期的孙叔敖，真的十分热心水利事业，主张采取各种水利工程措施，兴修水利，为民造福。

他主张：

宣导川谷，陂障源泉，灌溉沃泽，堤防湖浦以为池沼，
钟天地之爱，收九泽之利，以殷润国家，家富人喜。

　　他带领人民大兴水利，修堤筑堰，开沟通渠，发展农业生产和航运事业，为楚国的政治稳定和经济繁荣做出了巨大的贡献。他亲自主持兴办了期思雩娄灌区和安丰塘等重要水利工程。

　　公元前605年，孙叔敖主持兴建了我国最早的大型引水灌溉工程期思雩娄灌区。在史河东岸凿开石嘴头，引水向北，称为"清河"。之后又在史河下游东岸开渠，向东引水，称为"堪河"。

　　利用这两条引水河渠，灌溉史河和泉河之间的土地。因清河长45千米，堪河长20千米，共65千米，灌溉有保障，被后世称为"百里不求天灌区"。

　　经过后来的不断续建和扩建，灌区内有渠有陂，引水入渠，由渠

入陂，开陂灌田，形成了一个"长藤结瓜"式的灌溉体系。

这一灌区的兴建，大大改善了当地的农业生产条件，提高了粮食产量，满足了楚庄王开拓疆土对军粮的需求。

因此，《淮南子》称：

孙叔敖决心思之水，而灌雩娄之野，庄王知其可以为令尹也。

楚庄王知人善任，深知水利对于治理国家的重要，任命治水专家孙叔敖担任令尹的职务。

孙叔敖当上了楚国的令尹之后，继续推进楚国的水利建设，发动人民"于楚之境内，下膏泽，兴水利"。在公元前597年前后，又主持兴办了我国最早的蓄水灌溉工程，这就是安丰塘。

工程在安丰城附近，位于大别山的北麓余脉，东、南、西三面地势较高，北面地势低洼，向淮河倾斜，呈弧形状展开。北坡的水都向寿县南部的低洼地汇集，然后经寿县一带流入淮河。

所以每当夏季和秋季的雨季时，山洪暴发，各路洪水齐下，这里便很容易发生洪涝灾害，而一旦雨少又很容易干旱。这一地区是楚国主要的农业区，所以楚国十分重视在这里兴修水利，芍陂就是在这种背景下修建的。

芍陂把周围丘陵山地流泄下来的水汇集贮存，以便及时灌溉周围的大片良田。

因为此陂是引淠水经白芍亭东蓄积而成，所以得名为"芍陂"。芍陂建成之后，周围约有二三百千米，其范围大约在寿县的淠河和瓦埠湖之间，南起众兴镇附近的贤姑墩，北至安丰铺和老庙集一带，可灌溉良田约667多平方千米。

起初芍陂的水源仅来自丘陵地区，水量并不是很充足，而在它的西面有一条涝河，水量十分丰富。

后来，人们挖掘了一条子午渠，引淠河水入陂，使得芍陂的水源更有保证，同时还起到调节滞蓄淠河洪水的作用，减少了洪涝灾害，使它对周围地区农业的发展发挥出更大的作用，使芍陂达到了"灌田万顷"的规模。

相传，在北堤还建造了不少闸坝。闸坝在一条泄水沟的上面，用一层草一层黑色胶质泥相间迭筑而成。其中有排列整齐的栗树木桩，草层顺水方向散放，厚度基本相同。

闸坝前有一个水潭，水潭前有一道树木纵横错叠的拦水坝。该闸坝为一蓄泄兼顾，以蓄为主的水利工程。在缺水的时期，可以把大量的水蓄在塘内，但又能使少量水经草层滴泄到坝前水潭内，使之有节制地流至田间，灌溉农田。

闸坝的结构与《后汉书》记载的王景修浚仪渠时所用的"坞流法"颇相一致。

此外，后世的人们还在闸坝内发现了大量的"都水官"铁锤、其他铁器以及"半两"、"五铢"、"货泉"、"大泉五十"等货币。

芍陂建成后，使安丰一带每年都生产出大量的粮食，并很快成为楚国的经济要地。从而使楚国更加强大起来，打败了当时实力雄厚的晋国军队，楚庄王也一跃成为"春秋五霸"之一。

300多年后，即公元前241年，楚国被秦国打败，考烈王便把都城迁到这里，并把寿春改名为"郢"。这固然是出于军事上的需要，也是由于水利奠定了这里的重要经济地位。

由于芍陂的军事价值，三国时期，魏国和吴国曾多次交战于此，由战国至汉代的500多年间，芍陂因为年久不修而逐渐荒废。直至公元83年时，才由著名的水利专家庐江太守王景主持进行了芍陂自建成后的第一次修缮。

后世的人们还曾在这里发现了汉代草土混合而筑的桩坝及纵横排列的叠梁坝，可以起作用，从而对放水规模加以控制，既坚固又符合科学原理。

曹魏时，曹操为了增强自己的实力以与吴蜀对抗，故而非常重视芍陂的兴修。209年，曹操带兵驻守合肥，"开芍陂屯田"。

尤其是241年，邓艾重新修缮芍陂，使其蓄水能力和灌溉的面积得到空前的增大。

在此之后，西晋、东晋、南朝、隋、唐、宋、元各代都对芍陂进行过修缮。至明代，芍陂虽然也多次修缮，但是规模都不大，陂内的淤塞日益严重。至清代的光绪年间，芍陂的淤塞已经极为严重，陂的作用已经很小。

芍陂经过历代的修缮，在清代之前一直发挥着巨大效益。东晋时期因灌区连年丰收，于是改名为"安丰塘"。

芍陂成为淠史杭灌区重要组成部分，灌溉面积达到4万余公顷并有防洪、除涝、水产、航运等综合效益，促进当地经济的发展和繁荣。

安丰塘环境清新而幽雅。良田万顷、水渠如网，环塘一周，绿柳如带，烟波浩渺，水天一色。造型秀雅的庆丰亭点缀在湖波之上，与花开四季的塘中岛相映成趣，构成了一幅精美的蓬莱仙阁图。

安丰塘的水源来自于大别山，大别山的水流通过淠东干渠源源流入安丰塘。

淠东干渠原称"老塘河"，老塘河连接于安丰塘这一段河流又宽又深，人称"喇叭店"或"驴马店"。这其中有一段鲜为人知的故事。

在很久以前，这里原本是个集镇，世代居住在这里的人们或耕织，或经商，各得其所。但是因集镇建在老塘河边上，河流无法拓宽，当地非旱即涝，人们生活十分贫苦。

在这个集镇上，有一个专做驴马贩卖生意的居民叫张子和。由于当时交通、碾谷、农业生产都需要驴马出力，生意非常好。每年冬闲季节，张子和从北方购买驴马，赶到安丰塘畔来，转手一卖就能赚上一大笔钱。

在发了财以后，张子和更是不拘一格地做起了各种生意，集镇上的各类买卖中有一大半都是他家开办的，不知道从何时起，约定俗成，人们便把这里称作"驴马店"。

这一年春，安丰塘畔又因老塘河年久失修，无法引水，百姓眼瞅着庄稼要下种，但土地干得冒烟，这可怎么办呢？

正在此时，张子和突然得了一种奇怪的重病。他的家人请尽各方名医，找遍各处郎中，大家都是摇摇头，谁也诊断不出张子和这种成天不能吃、不能喝、头脑昏昏沉沉、心中焦躁难耐的病症到底是因何而引起的。

这一日夜里，张子和意外地平静下来，很快就沉入了梦乡，家人不敢惊动，四下散去。

慢慢地张子和在睡梦中好似闻到一股奇异的芳香，见到一位美丽的仙女从半掩的窗口飘然而至，来到身边对他说："我是安丰塘的荷花仙子，今天特为你的病而来。你想想看，安丰塘畔土地肥沃，人民本该丰衣足食，但偏偏因水源受阻，庄稼十年九不收。大伙都难以生活，你又怎能幸免？如果大伙的愁苦都没了，你的病也就痊愈了。"

仙女说完，便要离去，张子和一见，慌忙起身欲探究竟。那荷花仙子回眸粲然一笑，随手扔过一件东西，张子和闪身一把接住，不由惊出一身冷汗，惊醒过来，原来不过是南柯一梦。

但他的手中也确实紧紧攥住一件东西，松开一看：呵，是一粒硕大的、香喷喷的莲子。其香沁入心脾之中，张子和顿觉一反常态，身体好了许多。他细细回味梦中之事，心中突然有了主意。

第二天，张子和开始查勘旱情和地势，然后把店铺的伙计都召集起来，说："我决定在此地修建一条河道，我准备把所有的店铺都迁移到别处去，这事由你们去办。另外，还要通知这里所有的居民搬离此地，一切花费由我承担。"

众人一听，交口称赞这是件恩泽子孙的大好事，马上高高兴兴照办去了。

张子和召集来民工，立即投入到紧张的河道疏浚工程中来。未用半月时间，驴马店段一条宽宽的、深深的、呈喇叭形的崭新河道疏浚成功了。上游的河水，流入安丰塘内。

从此，安丰塘畔旱涝保收，人们安居乐业。

说也奇怪，自从这段河流建成之后，张子和奇怪的病症竟然也不知不觉地好了，并且从此再也没有复发过。

知识点滴

大禹与三苗的战争，古史多有记载。《战国策·魏策一》记载："三苗之居，左彭蠡之波，右有洞庭之水；文山在其南，而衡山在其北。恃其险也，为政不善，而禹放逐之。"三苗与中原华夏族有过长期的激烈的冲突。这种战争大约自尧、舜直至禹。大禹时曾与三苗发生过长期的战争，而且以大禹取胜告终。

大禹在征伐三苗以后，曾获得一个相对安定的时期。由于在战争中势力大大增加，取得了大量的财富，为部落的兴盛打下了雄厚基础。

孙公祠以及相关的传说

　　为了感戴孙叔敖的恩德，后代在芍陂等地建祠立碑，称颂和纪念他的历史功绩。孙公祠，又名"楚相祠"、"芍陂祠"和"孙叔敖祠"，坐落于安丰塘水库北堤脚下，是为祭祀孙叔敖创建芍陂而立。

据《水经注》"肥水"篇记载："水北迳孙叔敖祠下"，可知孙叔敖祠始建最迟不会晚于北魏。

孙公祠原有"殿庑门阁凡九所二十八间，僧舍三所九间，户牖五十有七户"。据清代《孙公祠庙记》，至清乾隆年间，孙公祠经过历代多次修缮，形成一套完整的祠宇。

祠内正殿供奉着孙叔敖的石像，这位"三进相而不喜，三罢相而不悔"的楚国贤相，正面向南端坐，神态肃然，就此目睹着陂塘的历代兴衰和风云变幻。

后来由于风云变幻，孙公祠仅存大殿、还清阁、崇报门楼，雕梁画栋，古色古香。祠前有千年古柏一棵，苍劲挺拔。

祠内存有《重修安丰塘碑记》和《安丰塘图》等历代碑碣19通，或示古代陂塘位置、水源、水闸及灌区概况，或记古人与塘之功过。

这些碑碣，在水利科学文化史上，占有重要地位，具有很高价值。其碑刻书法艺术，也被名家称为"古塘文化之一绝"。

孙叔敖所以能成功地建造安丰塘水利工程，与他克己奉公，廉洁勤政的作风是分不开的。孙叔敖是古代为官清正廉洁的典范。

孙叔敖在任令尹期间，三上三下，升迁和恢复职位时不沾沾自喜，失去权势时不悔恨叹息。孙叔敖作为令尹，权力在一人之下，万人之上，但他轻车简从，吃穿简朴，妻儿不衣帛，连马都不食粟。

司马迁《循吏列传》中说其在楚为相期间，政绩斐然，可以说是：

> 施教导民，上下和合，世俗盛美，政缓禁止，吏无奸邪，盗贼不起。

他个人生活也极为俭朴，经常是"粝饼菜羹"，"面有饥色"，为相12年，一贫如洗。

古籍《吕氏春秋》和《荀子·非相》中都称他为"圣人"。

公元前594年前后，孙叔敖患疽病去世。作为一位令尹，家里竟穷得家徒四壁，连棺木也未做准备。他死后两袖清风，儿子穷得穿粗布破衣，靠打柴度日。

在安丰塘附近寿县一带的民居建筑内，常常寄生着一种秃尾巴的无毒小蛇。一向对蛇没有好感的农民，却例外地把这种蛇称为"家蛇"，并加以保护。

这是为什么呢？相传这也和孙叔敖有关。

在孙叔敖小的时候，在一个私塾里念书。一天早晨上学，他在路上看见一只红冠大公鸡，正在啄一条幼蛇，幼蛇已经奄奄一息，眼看就不行了。

心地善良的孙叔敖快步走上前去，赶跑大公鸡，救下了这条小蛇，每天放在自己的口袋中，用自己最好的食物喂养它。

数月以后，这条蛇不但养好了伤，还被喂养得白白胖胖的。

孙叔敖见自己的口袋里面已经装不下它了，便对它说："小蛇啊，小蛇，你的家在田野里，快去吧！"

小蛇摆了摆长尾，恋恋不舍地走了。

光阴似箭，一转眼就数十年过去了。孙叔敖这时已经是楚国的令尹了。

为了造福百姓，解决人民种田插秧的用水问题，孙叔敖费尽全部家产，率领百姓开挖安丰塘，历尽千辛万苦，安丰塘终于建成了。

可是，光靠老天下雨积水总不是办法。孙叔敖经过实地勘察，决定在安丰塘上端开挖一条河，引来六安龙穴山之水，以保安丰塘永不干涸。

可是，这时的百姓为建安丰塘均已精疲力竭，爱民如子的孙叔敖实在不忍心再去惊动他们。

怎么办？孙叔敖忧愁得吃不下饭，睡不好觉。

这件事被曾受恩于孙叔敖的那条小蛇知道了，这条小蛇如今已得道成了正果，尤其是它的蛇尾修炼得威力无比。

这天夜晚它来到令尹府，爬近孙叔敖，托梦给他说："令尹大人，我是你救活的那条小蛇，特来帮您解决难题。"说完就不见了。

小蛇来到安丰塘上游，尾巴像把刀子似地深深插入地下，昂着首，缓缓地向南方游去。

小蛇所过之处，地上现出一条宽宽的、深深的渠道。

众兴以北地带都是黄土地，没费多大的劲，小蛇便开通了河道，可一过众兴，先是丘陵，后是小山，再后高山顽石，小蛇游逦过去，直冒火星，尾巴被磨得撕心裂肺地痛。

它也知道，自己的道行都在尾巴上，尾巴如果磨秃了，自己也就是一条普通的小蛇了，但为了报答孙叔敖相救之恩，为了使当地民众免受旱灾，也只好豁出去了。

第二天一早，人们起床后惊讶地发现，一条塘河横亘在安丰塘南端，湍急的河水滔滔而来，几个小时以后，安丰塘内便蓄满了水。

这时的小蛇已经磨秃了尾巴，疲惫地趴在安丰塘旁边。

孙叔敖很感激这条小蛇，便又将它捧起来带回家里饲养，并为它取名为"家蛇"。

就这样，在人们的保护下，"家蛇"与安丰塘附近的人们住在一起，一代一代地繁衍了下来，人们从来也没有伤害过帮助他们开挖渠道的小蛇。

知识点滴

孙叔敖是春秋战国时期楚国的令尹，组织民力兴建了安丰塘。孙叔敖为官清廉，历来为寿县人民所敬重，后人专门在安丰塘北堤为他修建了用于祭祀的孙公祠。关于他的传说，也表达出了当地人民对他的爱戴之情。

在《孙叔敖的故事》中，叙说了孙叔敖长大后，受虞丘举荐挑起令尹的重担，大刀阔斧改革制度，开垦挖渠，修建芍陂发展生产，辅佐楚庄王招兵买马，训练军队，整修武备，为称霸中原铺平了道路。

由于他有功于楚国，楚庄王屡次要赐封他，可是他都坚辞不受，持廉至死。他的儿子遵照父嘱返回故里，过着清贫的生活。

新疆坎儿井

坎儿井，时称"井渠"，而维吾尔语则称之为"坎儿孜"。

坎儿井是荒漠地区一特殊灌溉系统，遍布于我国的新疆维吾尔自治区吐鲁番地区，总数达1100多条，全长约5000千米。

坎儿井是古代吐鲁番各族劳动群众，根据盆地地理条件、太阳辐射和大气环流的特点，经过长期生产实践创造出来的，是吐鲁番盆地利用地面坡度引用地下水的一种独具特色的地下水利工程。

坎儿井与万里长城以及京杭大运河并称为我国古代的三大工程。

征服自然的人间奇迹

在古老的年代，有一个年轻的牧羊人，赶着羊群来到吐鲁番。他顶着漫天黄沙，四处找寻水草丰茂之地，可是呈现在眼前的却是一片干旱。

年轻的牧羊人并不灰心，他长途跋涉，继续寻找，终于找到一处绿草茵茵的洼地。

洼地里到处长满茂盛的牧草，只是不见水的影子。年轻牧羊人心想：绿草和清水从来就是一对分不开的情人，看到草，就一定能找到水。

可是，他从日出

找到日落，还是没有找到一滴水，眼看着羊群就要干渴而死，牧羊人心急如焚，便动手在绿草地上向下挖。当他挖到6米深时，水像珍珠似的从地下涌了出来，这就是比甘露还甜、比美酒还香的天山雪水。

从此，生活在"火洲"上的各族人民，便学着牧羊人的样子，掏泉眼，挖暗渠，开凿成一道道坎儿井。坎儿井是新疆各族人民根据自己所处的自然地理特点，一代一代用聪明才智和辛勤劳动创造出来的。

坎儿，意为"井穴"，为荒漠地区一特殊灌溉系统，遍布于我国的新疆吐鲁番地区。坎儿井与万里长城、京杭大运河并称为我国古代的三大工程。吐鲁番的坎儿井总数近千条，全长约5000千米。

坎儿井的结构，大体上是由竖井、地下渠道、地面渠道和"涝坝"四大部分组成。

吐鲁番盆地北部的博格达山和西部的喀拉乌成山，春夏时节有大量积雪和雨水流下山谷，潜入戈壁滩下。

人们利用山的坡度，巧妙地创造了坎儿井，引地下潜流灌溉农田。坎儿井不因炎热、狂风而使水分大量蒸发，因而流量稳定，保证了自流灌溉。

坎井一词，最早出现于春秋战国时，也就是约2400多年前，《庄子》秋水篇中曾说道：

子独不闻夫坎井之蛙乎。

坎儿井早在《史记》中就有记载，时称"井渠"。但大多都废弃不用，还存留在吐鲁番的坎儿井，多为清代陆续修建，依旧在浇灌着大片的绿洲和良田。

坎儿井的名称，维吾尔语称为"坎儿孜""坎儿井"或简称"坎"，陕西叫作"井渠"，山西叫作"水巷"，甘肃叫作"百眼串井"，也有的地方称为"地下渠道。"

清代萧雄《西疆杂述诗》记载：

> 道出行回火焰山，高昌城郭胜连环。
> 疏泉穴地分浇灌，禾黍盈盈万顷间。

这首诗说出"疏泉穴地"这吐鲁番盆地独特的水利工程的最大特点。

首先对吐鲁番坎儿井起源作解释的人，也出现在清代，他是清代光绪年间的陶葆廉。他在《辛卯侍行记》一书中记述鄯善连木齐西面的坎儿井时说道：

> 又西多小圆阜，弥望累累，皆坎尔也。坎儿者，缠回从山麓出泉处作阴沟引水，隔数步一井，下贯木槽，上掩沙石，惧为飞沙拥塞也，其法甚古，西域亦久有之。

他在夹注中指出，吐鲁番盆地的坎儿井与《沟洫志》中引洛水，井下相通行水之法相同。

《沟洫志》记载："严熊言'临晋民愿穿洛以溉重泉以东万余顷故恶地。诚即得水，可令亩十石。'于是为发卒万人穿渠，自征引洛水至商颜下。岸善

崩，乃凿井，深者四十余丈。往往为坎儿井，井下相通行水。水陨以
绝商颜，东至山岑十余里间，井渠之生自此始。"

"井渠之生自此始"，是指其广泛推广而言，并非说其工程原理
与技术经验形成于此时，否则何以言"临晋民愿穿洛以溉"，汉武帝就
发动士兵上万人立即动工。这说明早已有成熟的穿井技术可以应用。

坎儿井是干旱荒漠地区，利用开发地下水，通过地下渠道可以自
流地将地下水引导至地面，进行灌溉和生活用水的无动力吸水设施。
坎儿井在吐鲁番盆地历史悠久，分布很广。

坎儿井在新疆的发展，也得益于新疆特有的条件。坎儿井的形成
条件，可以说有三个方面。

第一是自然条件的可能性。吐鲁番盆地位于欧亚大陆中心，是天
山东部的一个典型封闭式内陆盆地。由于距离海洋较远，而且周围高
山环绕，再加以盆地窄小低洼，潮湿气候难以浸入，年降雨量很少，
蒸发量极大，故气候极为酷热，自古就有"火州"的说法。

根据调查，吐鲁番盆地的平均降雨仅有19.5毫米，最大为42.4毫米，最小为5.2毫米，多年平均蒸发量为3608.2毫米。多年平均气温为14度，年内最高气温为47.6度，最高地面温度可达75度。

该盆地常年多风，最大风力一般为七八级，大风过后，经常会造成田园破坏，林木折损，美丽的绿洲一时黯然失色，其惨状触目惊心。

如此看来，已利用的泉水和坎儿井水的水量加上湖面蒸发的水量远远

超过了地面径流量。即使以泉水作为回归水论，可以不计，而坎儿井开采水量和艾丁湖的蒸发量之和也是大于天山水系的地面径流量。

由此证明，地下水的补给来源，除了河床渗漏为主以外，尚有天山山区古生代岩层裂隙水的补给，所以说吐鲁番盆地的地下水资源是比较丰富的。加上地面坡度特大等情况，从而构成了开挖坎儿井在自然条件上的可能性。

第二是生产发展的需要性。从生产发展条件来看，吐鲁番盆地远在古代汉唐时期就是欧亚交通的孔道和经济文化交流的要地，虽然该地区气候干旱，地面水源非常缺乏，但蕴藏着丰富的地下水源和充沛的天然泉水，致使冲积扇缘以下的土地尽是肥美的绿洲。

该地区气候非常炎热，热能资源丰富，无霜期长达230天以上，实属农业发展的理想地区。所以自古以来人们就利用天然的泉水进行着

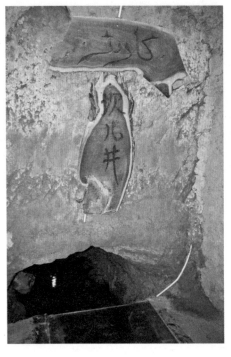

农业生产，不但种植着一般的粮食和油料作物，而且发展着棉花、葡萄、瓜果和蔬菜等各种经济作物。

吐鲁番盆地的农业生产不仅具有经济上的重要意义，而且具有政治军事上的重要意义。因此，农业生产上的进一步发展，必然要求人们开发出更多的地下水源。

也就是说，农业生产的发展历史，就是劳动人民开发利用地下水的历史，通过千百年生产劳动的实践和内外文化技术经验的交流，人们终于逐步地找到了一种开发利用地下水的最好形式，就是坎儿井。

第三是经济技术的合理性。吐鲁番盆地虽然埋藏着丰富的煤炭和石油等矿产能源，但大都没有开采利用。因此，在古代开挖坎儿井的经济技术条件上有着很大的限制。

但是坎儿井的取水形式，既可节省土方工程，又可长年供水不断，并且当地人民在炎热的地区久居生活，普遍有修窑筑洞的习惯和经验。

另外人们在掏挖泉水的生产实践中，逐步发现坎儿井形式的地下渠道，不但可以防止风沙侵袭，而且可以减少蒸发损失，工程材料应用不多，操作技术也非常简易，容易为当地群众所掌握。

这对克服当地经济技术上各种困难提供很大方便，因此，远在古代经济技术条件较差的情况下，各族劳动人民群众采用坎儿井方式开采利用地下水，就更加显得经济合理了。

综上所述，坎儿井在吐鲁番地区的形成具备了三个基本条件。

第一，在当地的自然条件上，由于干旱少雨，地面水源缺乏，人们要生产、生活就不得不重视开发利用地下水。同时，当地的地下水因有高山补给，所以储量丰富。地面坡度又陡，有利于修建坎儿井工程，开采出丰富的地下水源，自流灌溉农田和解决人畜饮用。

第二，在当时的生产发展上，由于在政治、经济和军事上的要求，以及当时东西方文化的传播，迫使人们必须进一步设法增大地下水的开采量，扩大灌溉面积来满足农业生产发展的需要。

因而对引泉结构必须进行改良，采取挖洞延伸以增大其出水量。这样就逐步形成了雏形的坎儿井取水方式。

第三，在当时的经济技术上，尽管经济技术条件水平很低，但坎儿井工程的结构形式可使工程的土方量大为减少，而且施工设备极为简单，操作技术又容易为当地群众所掌握，所以坎儿井的取水方式在当时经济技术条件水平上是比较理想的形式。

坎儿井是吐鲁番各族人民进行农牧业生产和人畜饮水的主要水源之一。

由于水量稳定水质好，自流引用，不需动力，地下引水蒸发损失和风沙危害少，施工工具简单，技术要求不高，管理费用低，便于个体农户分散经营，深受当地人民喜爱。

知识点滴

充满趣味的坎儿井文化

　　坎儿井是一种结构巧妙的特殊灌溉系统,它由竖井、暗渠、明渠和涝坝四部分组成。

　　总的说来,坎儿井的构造原理是在高山雪水潜流处,寻其水源,在一定间隔打一深浅不等的竖井,然后再依地势高下在井底修通暗渠,沟通各井,引水下流。地下渠道的出水口与地面渠道相连接,把地下水引至地面灌溉田地。

竖井是开挖或清理坎儿井暗渠时运送地下泥沙或淤泥的通道，也是送气通风口。井的深度因地势和地下水位高低不同而有深有浅，一般是越靠近源头竖井就越深，最深的竖井可达90米以上。

竖井与竖井之间的距离，随坎儿井的长度而有所不同，一般每隔20米至70米就有一口竖井。一条坎儿井，竖井少则10多个，多则上百个。井口一般呈长方形或圆形，长1米，宽0.7米。

暗渠又称"地下渠道"，是坎儿井的主体。暗渠的作用是把地下含水层中的水会聚到它的身上来，一般是按一定的坡度由低往高处挖，这样，水就可以自动地流出地表来。

暗渠一般高1.7米，宽1.2米，短的一二百米，最长的长达25千米，暗渠全部是在地下挖掘，因此掏捞工程十分艰巨。

在开挖暗渠时，为尽量减少弯曲，确定方向，吐鲁番的先民们创造了"木棍定向法"。

即相邻两个竖井的正中间，在井口之上，各悬挂一条井绳，井绳上绑上一头削尖的横木棍，两个棍尖相向而指的方向，就是两个竖井之间最短的直线。然后再按相同方法在竖井下以木棍定向，地下的人按木棍所指的方向挖掘就可以了。

在掏挖暗渠时，吐鲁番人民还发明了油灯定向法。油灯定向是依据两点成线的原理，用两盏旁边带嘴的油灯确定暗渠挖掘的方位，并且能够保障暗渠的顶部与底部平行。

但是，油灯定位只能用于同一个作业点上，不同的作业点又怎样保持一致呢？

挖掘暗渠时，在竖井的中线上挂上一盏油灯，掏挖者背对油灯，始终掏挖自己的影子，就可以不偏离方向，而渠深则以泉流能淹没筐沿为标准。

暗渠越深空间越窄，仅容一个人弯腰向前掏挖而行。由于吐鲁番的土质为坚硬的钙质黏性土，加之作业面又非常狭小，因此，要掏挖出一条25千米长的暗渠，不知要付出怎样的艰辛。

据说，天山融雪冰冷刺骨，而工人掏挖暗渠必须要跪在冰水中挖土，因此长期从事暗渠掏挖的工人，寿命一般都不超过30岁。所以，总长5000

千米的吐鲁番坎儿井被称为"地下长城"，真的是当之无愧。

暗渠还有很多好处，由于吐鲁番高温干燥，蒸发量大，水在暗渠不易被蒸发，而且水流地底不容易被污染。

再有，经过暗渠流出的水，经过千层沙石自然过滤，最终形成天然矿泉水，富含众多矿物质及微量元素。当地居民数百年来一直饮用，不少人活到百岁以上，因此，吐鲁番素有我国的"长寿之乡"的美名。

龙口是坎儿井明渠、暗渠与竖井口的交界处，也是天山雪水经过地层渗透，通过暗渠流向明渠的第一个出水口。

暗渠流出地面后，就成了明渠。顾名思义，明渠就是在地表上流的沟渠。人们在一定地点修建了具有蓄水和调节水作用的蓄水池，这种大大小小的蓄水池，就称为"涝坝"。

水蓄积在涝坝，哪里需要，就送到哪里。

坎儿井这种特殊的水利工程，科学合理，具有很多的优点。

第一，不用提水工具，可以引取上游埋深几十米，甚至百多米地下潜流，向下游引出地面，进行自流灌溉，不仅克服了缺乏动力提水设备的困难，而且也节省了动力提水设备的投资和相关的管理费用。

第二，出水流量相当稳定，水质清澈如泉。

第三，暗渠可减少蒸发防止风沙侵袭。在夏季非常炎热并多大风沙的吐鲁番盆地，这也是一个重要优点。

但是作为一种古老的引用地下水的灌溉工程，时间一长，就会暴露出这样或那样的缺陷。由于坎儿井结构本身的问题所造成的一些不适应情况。

首先，坎儿井只能引取浅层的地下水，而各道坎儿井之间又相隔一定的距离，使其截水范围在深度和广度上有较大限制，所以不能充分利用地下水资源，也不能适应生产发展的需要。

其次，坎儿井所引用的潜流，主要来自上游山溪河道下渗的水，其水文变化较山溪径流本身的变化来得迟缓，这使得坎儿井水量与农作物生长期集中用水不相适应。

及至冬季非灌溉季节，所有坎儿井的水，因不能控制，除一部分引至附近小水库储蓄外，其余部分白白流走，既不利于保持上游地下水资源，又抬高了下游灌区的地下水位，引起次生盐碱化。

还有，一般的坎儿井每隔一两年就必须进行一次维修清淤，有时还必须将坎儿井的集水段向上游延伸，否则水量将减少。因施工条件差，劳动强度大，经常会发生工伤事故，有经验的挖坎老工匠已逐渐减少，颇有后继乏人之忧。

最后，暗渠一般都没有相关的防渗衬砌，输水损失大，每千米可达16%以上，影响了当地的灌溉效益。

坎儿井充满了趣味，在新疆维吾尔自治区，年龄最大的坎儿井是吐尔坎儿井。吐尔，在维吾尔语中是烽火台的意思。位于吐鲁番市恰特卡勒，全长3.5千米，日水量可浇1.3公顷地，1520年挖成，已经有近500岁了。

最长的坎儿井是鄯善县的红土坎儿井。红土坎儿井全长25千米，日浇地约3.9公顷。

最短的坎儿井是吐鲁番市艾丁湖的阿山尼牙孜坎儿井，全长仅150米，日水量浇地约0.06公顷。

竖井最深的坎儿井是鄯善吐峪沟东部的努尔买提主任坎儿井，全长约为20.7千米，井深98米，日浇地约1.6公顷。

水量最大的坎儿井是吐鲁番市艾丁湖乡吾力托尔坎村欧吐拉坎儿井，日水量浇地约4.7公顷。

水量最小的坎儿井是吐鲁番亚尔乡伊里木村的克其尔坎儿井，全长300米，日水量浇地约0.04公顷。

吐鲁番地区的坎儿井，都有自己的名字。其命名方式多种多样，不拘一格。有的以掘井人的人名和姓氏来命名，如"杨西成坎儿井"、"土勒开坎儿井"、"何元坎儿井"、"艾提巴克坎儿井"，艾提巴克是维吾尔族人名。

关于土勒开坎儿井，还有一段凄美的故事。

在当时，所有坎儿井的开挖，都是一个人在挥镐破土，低着头弯着腰，把一筐一筐沉重的土挂到一根绳子上，然后由地面的人用辘轳一圈一圈摇上来。

无论寒暑酷夏，掏挖坎儿井的工程都在继续。只要是农闲时间一个村的男的成年劳力，都主动地去掏捞坎儿井，女的则送饭送水。

一个叫尼亚孜的年轻人带领一个组在开挖坎儿井，他们挖了一年多的时间，还没挖出水，许多人都气馁了。但是这个年轻人执着地要继续挖下去，不然整个村庄将面临着断水的危险，他日夜冥思苦想，想问题究竟出现在了哪里。

一天，他年轻美貌的妻子阿依先木汗又在给他送饭，看到一只火红的狐狸，在一片空地上转悠，她被那美丽光滑的狐狸所吸引，不自觉地追那只狐狸而去，竟然撞到一棵老桑树上。在一片殷红的血迹中，那个红狐狸突然间消失，而阿依先木汗再也没有醒过来。

这个壮年的汉子伤心欲绝，大哭一场。

但是第二天他依旧拿起工具下井挖水，白花花的水竟然扑面而来，他兴奋地扑到水里大喊，整个村庄沸腾了！但是尼亚孜失去了他心爱的妻子。

后来，人们都说，那只美丽的狐狸就是阿依先木汗。人们为了感谢神灵的救助，就把这条坎儿井取名为"土勒开坎儿井"。

一道坎儿井就是一个悲喜交加的故事，一道道坎儿井养育着一个个有故事的小镇。

坎儿井的水始终以一种恒久不变的姿态流淌着，水里有着雪山的清冽，有着隔世的纯净，也有着汗水的释放，有着掏捞坎儿井人血液中浓烈的盐分。一条河流把粗劣的外表袒露在外，把无尽的柔美和无穷的想象深深地隐藏。

有的坎儿井还以动植物的名称来命名，如"尤勒滚坎儿井"，而"尤勒滚"在维语中是红柳的意思；"提开坎儿井"，"提开"在维语中则是公山羊的意思。

有的则以地名和地理方位命名，如"吐尔坎儿井"，吐尔在维语中指烽火台，因井旁有烽火台故名；"边西坎儿井"，边西是维语，是一个地名。

有的以水的味道命名，如"西喀力克坎儿井"，西喀力克是维吾尔语甘甜的意思；"阿其克坎儿井"，阿其克在维吾尔语中有苦味的意思。

有以职务和职业来命名，如"吉力力团长坎儿井"、"木匠坎儿井"、"醋房坎儿井"、"大毛拉坎尔井"

等，大毛拉是伊斯兰教的一种职称。

有的则以其他的方式来命名，如"博斯坦坎儿井"，博斯坦是维吾尔语绿洲之意；"霍日古力坎儿井"，霍日古力是"办事不彻底之意"；"阿扎提坎儿井"，阿扎提在维吾尔语中则是解放之意。

在新疆，大约有坎儿井1600多条，分布在吐鲁番盆地、哈密盆地、南疆的皮山、库车和北疆的奇台、阜康等地，总出水量每秒约10立方米。其中以吐鲁番盆地最多最集中，最盛时达1237条，总长超过5000千米。

吐鲁番坎儿井如同其盛产的葡萄一样，蜚声全国，坎儿井曾是吐鲁番盆地农田灌溉和日常生产生活的主要水源，在社会经济生活中具有极其重要的作用。

林则徐不是坎儿井的发明者，但他提倡推广坎儿井却是有大功的。坎儿井在林则徐入疆之前，早已存在。

1845年农历正月十九，林则徐首次到吐鲁番，他在日记中写得很清楚：

见沿途多土坑，询其名曰卡井……水从土中穿穴而行，诚不可思议之事。

据《新疆图志》记载：

> 林文忠公谪戍伊犁，在吐鲁番提倡坎儿井。其地为火
> 洲，亘古无雨泽，文忠命于高原掘井而为沟，导井以灌田，
> 遂变赤地为沃壤。

从1845年至1877年的两年时间内，在林则徐的推动下，吐鲁番、鄯善和托克逊新挖坎儿井共300多条。

鄯善七克台乡现有60多条坎儿井，据考证多数是林则徐来吐鲁番后新开挖的。为了纪念林则徐推广坎儿井的功劳，当地群众把坎儿井称之为"林公井"，以表达自己的崇敬仰慕之情。

林则徐，字少穆，是我国古代历史上杰出的政治家和民族英雄。

1785年8月30日，林则徐出生于一个下层知识分子家庭。19岁中举，26岁殿试二甲第四名，选翰林院庶吉士。

此后，林则徐先后任江西、云南乡试正、副考官，江苏、陕西按察使，湖北、湖南布政使。在任期间，秉公执法，为政清廉，人称

"林青天。"

1840年，林则徐担任两广总督，他上任后，招募水勇，督造战船，组织兵勇操练，禁绝鸦片，抗击英军，名垂青史。

鸦片战争失败，林则徐负罪遣戍伊犁。其间先后在南北疆兴修水利，垦荒屯田，表现了卓越的施政才干和实干精神。

《荷戈纪程》是林则徐赴戍新疆的真实记录。林则徐遣戍新疆后，曾四次来过吐鲁番。

1845年2月25日，奉道光皇帝之命，林则徐同黄南坡、二子聪彝取道根忒克台到达吐鲁番。海秋帆，同知福致堂，陆巡检郑湘出城郊迎，礼节甚恭。

这次到吐鲁番，林则徐共住了六天。除了会见当地地方官员外，就是回复家信，一口气竟写了17封！

1845年8月1日，林则徐在南疆勘地后，起程去哈密候旨途中，路经吐鲁番。这是第二次。

1845年9月23日至10月中旬，林则徐在托克逊伊拉里克复勘11万亩土地后，曾两次到过吐鲁番。

林则徐在吐鲁番逗留了六天之后，到托克逊小憩，集中力量"为友人书写求件，以践前约。"林则徐擅长书法，"公书具体欧阳，诗宗白傅。"堪称一绝，为时人所重。

在伊拉里克的满卡，林则徐在新开荒地的东西两面，以"人寿年丰"四字分号，汉族、维吾尔族垦区分段，各设正副户长一人，乡约四章，让移民承领耕种，满卡渐渐成为托克逊最富饶的农区之一。

在林则徐到新疆办水利之前，坎儿井限于吐鲁番，为数30余处，后来，在林则徐的带领下，推广到伊拉里克等地，并又增开60余处，共达百余处。很显然，这些成就的取得与林则徐的努力是分不开的。

新疆兴建坎儿井的高潮还有一次，那便是在1883年左宗棠进兵新疆以后了。

1886年朝廷建新疆行省，号召军民大兴水利。在吐鲁番修建坎儿井近200处，在鄯善、库车、哈密等处都新建不少坎儿井，并进一步扩展到天山北麓的奇台、阜康、巴里坤和昆仑山北麓皮山等地。

可以说，坎儿井是我国古代伟大的水利建筑工程之一，它可与长城、大运河相媲美。吐鲁番坎儿井是世世代代生活在吐鲁番的各族劳动人民的聪明智慧的结晶。

坎儿井水，是吐鲁番各族人民用勤劳的双手和血汗换来的"甘露"。勤劳勇敢的吐鲁番人民自古以来不但为开发大西北，巩固祖国边疆建立过"汗马功劳"，并为神奇的"火州"大地留下了一道道地下长河，那就是坎儿井。给方兴未艾的"吐鲁番学"留下了一部取之不尽、用之不竭的"坎儿井文化史"。

坎儿井是吐鲁番各族人民与大自然作斗争，开发大西北、利用自然和改造自然的一大功绩。坎儿井的开凿工艺是吐鲁番人民世世代代口授心传的优秀非物质文化遗产。

一方面，坎儿井是我国古代劳动人民留下的不可多得的珍贵历史文化遗产，具有极高的历史价值和科学价值。另一方面，坎儿井具有不可替代的实用价值。

坎儿井历经百年，每年仍然在源源不断地向吐鲁番提供着近3亿立方米的地下水，滋润着盆地内的土地，特别是在相当部分的乡、村，坎儿井仍是当地饮用和灌溉用水的主要源流，是"生命之泉"。

知识点滴

最早在春秋战国时期出现坎儿井一词。《庄子·秋水篇》中曾有"子独不闻夫坎井之蛙乎"之句。唐代西州文书中，有"胡麻井渠"的记载。

1575年，石茂华《远夷谢恩求贡事》一文中有关于"牙坎儿"的记载。至清代乾隆年间则称之为"卡井"。

汉代的陕西关中就有挖掘地下窖井技术的创造，被称为"井渠法"。

汉通西域后，塞外乏水而且沙土较松易崩，就将"井渠法"取水方法传授给了当地人民，后经各族人民的辛勤劳作，逐渐趋于完善，发展为适合新疆条件的坎儿井。

清代末期因坚决禁烟而遭贬并充军新疆的爱国大臣林则徐在吐鲁番时，对坎儿井大为赞赏。坎儿井的清泉浇灌滋润着这片火洲，使戈壁变成绿洲良田。

京杭

京杭大运河全长1794千米，是世界上最长的人工运河。京杭大运河，古名"邗沟""运河"，是世界上里程最长、工程最大、最古老的运河，与长城并称为我国古代的两项伟大工程。

大运河南起余杭，北至涿郡，途经浙江、江苏等省及天津、北京，贯通海河、黄河、淮河、长江和钱塘江五大水系。

春秋吴国开凿，隋代大幅度扩修并贯通至都城洛阳而且连涿郡，元代翻修时弃洛阳而取直至北京。开凿以来已经有2500多年的历史，其部分河段依旧具有通航的功能。

历代开凿的史实缘由

　　东南吴国的国君夫差，为了争霸中原，不断地向北扩张势力，在公元前486年引长江水经瓜洲，北入淮河。这条联系江、淮的运河，从瓜洲至淮安附近的末口，当时称为"邗沟"，长约150千米。

　　这条运河就是京杭大运河的起源，是大运河最早的一段河道。后来，秦、汉、魏、晋和南北朝又相继延伸了河道。

6世纪末至7世纪初，大体在邗沟的基础上拓宽、裁直，形成大运河的中段，取名"山阳渎"。在长江以南，完成了江南运河，这便是大运河的南段。

实际上，江南运河的雏形已经存在，并且早就用于漕运。

605年，隋炀帝杨广下令开凿一条贯通南北的大运河。这时主要是开凿通济渠和永济渠。

黄河南岸的通济渠工程，是在洛阳附近引黄河的水，行向东南，进入汴水，沟通黄、淮两大河流的水运。通济渠又叫"御河"，是黄河、汴水和淮河三条河流水路沟通的开始。

隋代的都城是长安，所以当时的主要漕运路线是沿江南运河至京口渡长江，再顺山阳渎北上，进而转入通济渠，逆黄河和渭河向上，最后抵达长安。

黄河以北开凿的永济渠，是利用沁水、淇水、卫河等河为水源，引水通航，在天津西北利用芦沟直达涿郡，这个工程是分步实施的。

一是开凿东通黄河的广通渠。隋朝开始修建的一条重要的运河，是从长安东通黄河的广通渠。隋代初期以长安为都。从长安东至黄河，西汉时有两条水道，一条是自然河道渭水；另一条是汉代修建的人工河道漕渠。

渭水流浅沙深，河道弯曲，不便航行。由于东汉迁都洛阳，漕渠失修，早已淹废，隋朝只有从头开始打凿新渠。

581年，隋文帝即命大将郭衍为开漕渠大监，负责改善长安和黄河间的水运。但建成的富民渠仍难满足东粮西运的需要，三年后又不得不进行改建。

这次改建，要求将渠道凿得又深又宽，可以通航"方舟巨舫"，改建工作由杰出的工程专家宇文恺主持。在水工们的努力下，工程进展顺利，当年竣工。

新渠仍以渭水为主要水源，自大兴城，至潼关长达150余千米，命名为"广通渠"。新渠的航运量大大超过旧渠，除能满足关中用粮外，还有大量富余。

二是整治南通江淮的御河。隋炀帝即位后，政治中心由长安东移到洛阳，这就更加需要改善黄河、淮河和长江间的水上交通，以便南粮北运和加强对东南地区的控制。

605年，隋炀帝命宇文恺负责营建东京洛阳，每月派役丁200万人。同时，又令尚书右丞皇甫议，"发河南淮北诸郡男女百余万，开通济渠"。

此外，还征调淮南民工10多万扩建山阳渎。此次工程规模之大，范围之广，都是前所未有的。

通济渠可分东西两段。西段在东汉阳渠的基础上扩展而成，西起洛阳西面。以洛水及其支流谷水为水源，穿过洛阳城南，至偃师东南，再循洛水入黄河。

东段西起荥阳西北黄河边上的板渚，以黄河水为水源，经开封及杞县、睢县、宁陵、商丘、夏邑、永城等县。再向东南，穿过安徽的宿县、灵璧和泗县，以及江苏的泗洪县，至盱眙县注入淮水，两段全长近1000千米。

山阳渎北起淮水南岸的山阳，径直向南，至江都西南汇入长江。

两条渠都是按照统一的标准开凿的，并且两旁种植柳树，修筑御道，沿途还建离宫40多座。由于龙舟船体庞大，御河必须凿得很深，否则就无法通航。

通济渠与山阳渎的修建与整治是齐头并进的，施工时虽然也充分利用了旧有的渠道和自然河道，但因为它们有统一的宽度和深度，因此，主要还是依靠人工开凿，工程浩大而艰巨。

但是整个开凿却是历时短暂，从三月动工，至八月就全部完成了。工程完成后，隋炀帝立刻从洛阳登上龙舟，带着后妃、王公和百官，乘坐着几千艘舳舻，南巡江都。

三是修建北通涿郡的永济渠。在完成通济渠、山阳渎之后，隋炀帝决定在黄河以北再开一条运河，即永济渠。

608年，"诏发河北诸郡男女百余万，开永济渠，引沁水南达于河，北通涿郡。"

永济渠也可分为两段，南段自沁河口向北，经河南的新乡、汲县、滑县、内黄；河北的魏县、大名、馆陶、临西、清河；山东的武城、德州；河北的吴桥、东光、南皮、沧县、青县，抵达天津。

北段自天津折向西北，经天津的武清、河北的安次，到达北京境内的涿郡。南北两段都是当年完成。

永济渠与通济渠一样，也是一条又宽又深的运河，全长900多千米。深度与通济渠相当，因为它也是一条可以通航龙舟的运河。

611年，炀帝自江都乘龙舟沿运河北上，率领船队和人马，水陆兼程，最后抵达涿郡。全程2000多千米，仅用了50多天，足见其通航能力之大。

四是疏浚纵贯太湖平原的江南河。太湖平原修建运河的历史非常悠久。春秋时期的吴国，即以都城吴为中心，凿了许多条运河，其中一条向北通向长江；一条向南通向钱塘江。

这两条南北走向的人工水道，就是我国最早的江南河。

这条河在秦汉、三国、两晋、南北朝时期进行过多次整治，至隋炀帝时，又下令作进一步疏浚。

据《资治通鉴》中记载：

> 大业六年冬十二月，敕穿江南河，自京口至余杭，八百
> 余里，广十余丈，使可通龙舟，并置驿宫、草顿，欲东巡会
> 稽。

会稽山在浙省绍兴东南，相传夏禹曾大会诸侯于会稽，秦始皇也曾登此山以望东海。隋炀帝好大喜功，大概也要到会稽山，效仿夏禹、秦皇，张扬自己的功德。

广通渠、通济渠、山阳渎、永济渠和江南河等渠道，可以算作各自独立的运输渠道。但是由于这些渠道都以政治中心长安和洛阳为枢纽，向东南和东北辐射，形成完整的体系。同时，它们的规格又基本一致，都要求可以通航方舟或龙舟，而且互相连接，所以，又是一条大运河。

这条从长安和洛阳向东南通至余杭，向东北通至涿郡的大运河，是当时最长的运河。

由于它贯穿了钱塘江、长江、淮河、黄河和海河五大水系，对加强国家的统

一，促进南北经济文化的交流，都是很有价值的。

在以上这些渠道中，通济渠和永济渠是这条南北大运河中最长最重要的两段，它们以洛阳为起点，成扇形向东南和东北张开。

洛阳位于中原大平原的西缘，海拔较高。运河工程充分利用这一东低西高，自然河水自西向东流向的特点，开凿时既可以节省人力和物力，航行时又便于船只顺利通过。特别是这两段运河都能够充分利用丰富的黄河之水，使水源有了保证。

这两条如此之长的渠道，能这样很好地利用自然条件，证明当时水利科学技术已有很高的水平。

开凿这两条最长的渠道，前后用了六年的时间。这样就完成了大运河的全部工程。隋代的大运河，史称"南北大运河"，贯穿了河北、河南、江苏和浙江等省。运河水面宽30米至70米，长约2700多千米。

唐代的运河建设，主要是维修和完善隋代建立的这一大型运河体系。同时，为了更好地发挥运河的作用，对旧有的漕运制度，还作了重要改革。

隋文帝时期穿凿的广通渠，原是长安的主要粮道。当隋炀帝将政治中心由长安东移洛阳后，广通渠失修，逐渐淤废。唐代定都长安，起初因为国用比较节省，东粮西运的数量不大，年约几十万石，渭水尚可勉强承担运粮任务。

后来，京师用粮不断增加，严重到了因为供不应求，皇帝只好率领百官和军队东到洛阳就食的地步。特别是武则天在位期间，几乎全在洛阳处理政务。

于是，在742年，启动了重开广通渠的工程。新水道名叫"漕渠"，由韦坚主持。

当时在咸阳附近的渭水河床上修建兴成堰，引渭水为新渠的主要水源。同时，又将源自南山的沣水和浐水也拦入渠中，作为水源补充。

漕渠东至潼关西面的永丰仓与渭水会合，长150多千米。漕渠的航运能力较大，漕渠贯通当年，即"漕山东粟四百万石"。

将山东粟米漕运入关，还必须改善另一水道的航运条件，即解决黄河运道中三门砥柱对粮船的威胁问题。这段河道水势湍急，溯河西进，一船粮食往往要数百人拉纤，而且暗礁四伏，过往船只，触礁失事近乎一半。

为了避开这段艰险的航道，差不多与重开长安、渭口间的漕渠同时，陕郡太守李齐物组织力量，在三门山北侧的岩石上施工，准备凿出一条新的航道，以取代旧的航道。

经过一年左右的努力，虽然凿出了一条名叫"开元新河"的水道，但因当地石质坚硬，河床的深度没有达到标准，只有在黄河大水时可以通航，平时不起作用，三门险道的问题远远没有解决。

通济渠和永济渠是隋代兴建的两条最重要的航道。为了发挥这两条运河的作用，唐代对它们也作了一些改造和扩充。

隋代的通济渠，唐代称"汴河"。唐代在汴州东面凿了一条水道，名叫"湛渠"，接通了另一水道白马沟。白马沟下通济水。这样一来，便将济水纳入汴河系统，使齐鲁一带大部分郡县的物资，也可以循汴水西运。

唐代对永济渠的改造，主要有以下两个工程。

一是扩展运输量较大的南段，将渠道加宽至60米，浚深至8米，使航道更为通畅；二是在永济渠两侧凿了一批新支渠，如清河郡的张甲河，沧州的无棣河等，以深入粮区，充分发挥永济渠的作用。

对唐朝朝廷来说，大运河的主要作用是运输各地粮帛进京。为了发挥这一功能，唐代后期对漕运制度作了一次重大改革。唐代前期，南方征租调配由当地富户负责，沿江水、沿运河直送洛口，然后政府再由洛口转输入京。

这种漕运制度，由于富户多方设法逃避，沿途无必要的保护，再加上每一艘船很难适应江、汴河的不同水情，因此问题很多。如运期长，从扬州至洛口，历时长达九个月。又如事故多、损耗大，每年都有大批的舟船沉没，粮食损失非常严重。

安史之乱后，这些问题更为突出。于是，从763年开始，御史刘晏对漕运制度进行改革，用分段运输代替了直接运输。

当时规定：江船不入汴河，江船之运至扬州；汴船不入河，汴船之运至河阴；河船不入渭，河船之运至渭口；渭船之运入太仓。承运工作也雇专人承担，并组织起来，十船为一纲，沿途派兵护送等。

分段运送，效率大大提高，自扬州至长安40天可达，损耗也大幅度下降。

梁、晋、汉、周、北宋都定都在汴州，称为"汴京"。北宋历时较长，为进一步密切京师与全国各地经济、政治联系，修建了一批向四方辐射的运河，形成新的运河体系。

它以汴河为骨干，包括广济河、金水河和惠民河，合称"汴京四渠"。并通过汴京四渠，向南沟通了淮水、扬楚运河、长江和江南河流等；向北沟通了济水、黄河和卫河。

五代时期，北方政局动荡，频繁更换朝代，在短短的53年中，历经后梁、后唐、后晋、后汉、后周五个朝代，对农业生产影响很大。而南方政局比较稳定，农业生产持续发展。

北宋时期，朝廷对南粮的依赖程度进一步提高。汴河是北宋南粮北运的最主要水道。汴京每年调入的粮食高达600万石左右，其中大部分是取道汴河的南粮。

因此，北宋时期朝廷特别重视这条水道的维修和治理。例如991年，汴河决口，宋太宗率领百官，一起参加堵口。

元代定都大都后，要从江浙一带运粮到大都。但隋代的大运河，在海河和淮河中间的一段，是以洛阳为中心向东北和东南伸展的。为了避免绕道洛阳，裁弯取直，元代就修建了济州、会通和通惠等河。

元代开凿运河主要有以下几项重大工程：

一是开凿济州河和会通河。从元代都城大都至东南产粮区，大部分地方都有水道可通，只有大都和通州之间、临清和济州之间没有便捷的水道相通，或者原有的河道被堵塞了，或者原来根本没有河道。因此，南北水道贯通的关键就是在这两个区间修建新的人工河道。

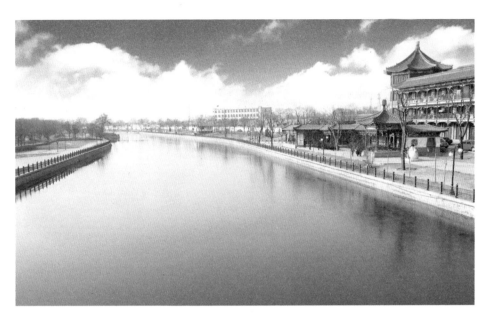

在临清和济州之间的运河，元代分两期修建，先开济州河，再开会通河。济州河南起济州，北至须城，长75千米。人们利用了有利的自然条件，以汶水和泗水为水源，修建闸坝，开凿渠道，以通漕运。

会通河南起须城的安山，接济州河，凿渠向北，经聊城，至临清接卫河，长125千米。它同济州河一样，在河上也建立了许多闸坝。这两段运河凿成后，南方的粮船可以经此取道卫河、白河，到达通州。

二是开凿坝河和通惠河。由于旧有的河道通航能力很小，元代很需要在大都与通州之间修建一条运输能力较大的运河，以便把由海运、河运集中到通州的粮食，转运至大都。于是相继开凿了坝河和通惠河。

首先兴建的坝河，西起大都光熙门，向东至通州城北，接温榆河。光熙门是当时主要的粮仓所在地。

这条水道长约20多千米，地势西高东低，差距20米左右，河道的比降较大。为了便于保存河水，利于粮船通航，河道上建有七座闸坝，因而这条运河被称为"坝河"。后来因坝河水源不足，水道不畅，元代又开凿了通惠河。

负责水利的工程技术专家郭守敬，先千方百计开辟水源，并引水到积水潭蓄积起来，然后从积水潭向东开凿通航河段，经皇城东侧南流，南至文明门，东至通州接潮白河。这条新的人工河道，被忽必烈命名为"通惠河"。

通惠河建成之后，积水潭成了繁华的码头，"舳舻蔽水"，热闹非常。

元代开凿运河的几项重大工程完成后，便形成了京杭大运河，全长1700多千米。京杭大运河利用了隋代的南北大运河不少河段。如果从北京至杭州走运河水道，元代的比隋代的缩短了900多千米的航程，是最长的人工运河。

大运河建成之后，元大都的粮食、丝绸、茶叶和水果等生活必需品，大部分都是依赖大运河从南方向京城运输。而至明代，建设北京城的砖石木料，也是通过大运河运抵京城，于是民间老百姓就形象地说北京城是随水漂来的。

明代，永乐皇帝称帝后，定都北京。永乐皇帝是一位非常有理想的皇帝，他要营建"史上最伟大"的宫城紫禁城。当时营建紫禁城所需砖石木料只靠北京本地的供给是远远不够的，为此营建紫禁城的砖石木料大量从南方运往京城。

这些砖石木料体量巨大，如果走陆路费时费力，唯有走水路最为快捷省力，因此京杭大运河成了人们的首选。

可是明代通惠河浅涩，不能行船，南方走大运河而来的建筑材料不能直接到达北京城，只能先运到张家湾卸载，储存在张家湾附近，再走陆路转运至北京城里。因此，在张家湾附近依据储存的不同材料而形成各种厂，如皇木厂、木瓜厂、铜厂、砖厂、花板石厂等等。

随着历史的发展，在这些厂中只有皇木厂、木瓜厂和砖厂形成了居民聚落，最后发展成村落，其中皇木厂是最为有名的。

知识点滴

京杭大运河始凿于春秋战国，历隋代而全线贯成。北起北京，南迄杭州，全长1794千米，无论历史之久、里程之长，均居普天下的运河之首。

两千余年来，大运河几历兴衰。漕运之便，泽被沿运河两岸，不少城市因之而兴，积淀了深厚独特的历史文化底蕴。

有人将大运河誉为"大地史诗"，它与万里长城交相辉映，在中华大地上烙了一个巨大的"人"字，同为汇聚了中华民族祖先智慧与创造力的伟大结构。

给人启迪的文化内涵

京杭大运河是普天下开凿最早、里程最长的人工运河。

它是古代我国人民创造的伟大水利工程，是我国历史上南粮北运、水利灌溉的黄金水道，是军资调配、商旅往来的经济命脉，是沟

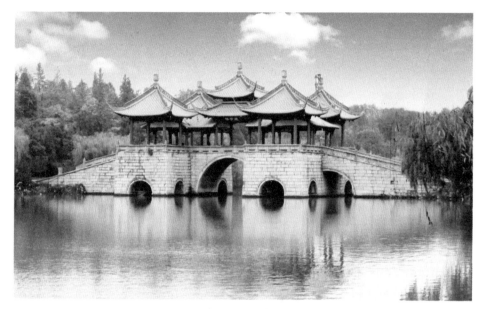

通南北、东西文化交融的桥梁，是集中展现历史文化和人文景观的古代文化长廊。

大运河承载着上千年的沧桑风雨，见证了沿河两岸城市的发展与变迁，积淀了内容丰富和底蕴深厚的运河文化，是中华民族弥足珍贵的物质和精神财富，是中华文明传承发展的纽带。

大运河文化遗产内涵宏富，概括起来主要包括以下内容：

运河河道以及运河上的船闸、桥梁、堤坝等基础设施；运河沿岸地下遗存的古遗址、古墓葬和历代沉船等；沿岸的衙署、钞关、官仓、会馆和商铺等相关设施；依托运河发展起来的城镇乡村，以及古街、古寺、古塔、古窑、古驿馆等众多历史人文景观；与运河有关联的各种文化遗产。

那么，大运河的这些文化遗产，到底有哪些主要的文化内涵呢？

一是城镇的文化内涵。

运河的文明史与运河的城镇发展史关系密切。因为运河跨越时空

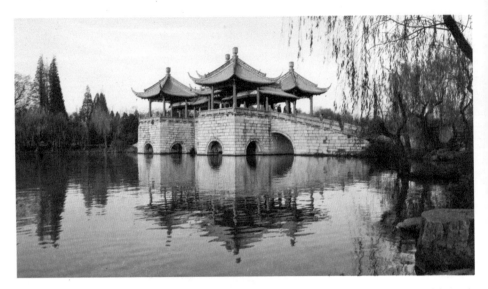

数千年，联系着我国的南北方广阔地域，使运河沿线城市和乡村的社会结构、生产关系、人们的生活习俗、道德信仰，无不打上深深的"运河"烙印，这是运河文明的再现与物化。

山东省济宁的发展与运河休戚相关。元代会通河打通以后，使济宁"南通江淮，北达京畿"，迅速发展成为一座经济繁荣的贸易中心。明清时期，济宁为京杭运河上七个对外商埠之一。

江苏徐州在历史上素有"五省通衢"之称，从汉代开始就是江淮地区漕粮西运的枢纽。京杭运河建成后，徐州就成为我国南粮北运与客商往来必经之路。

位于苏北骆马湖之滨的窑湾古镇，是借助京杭运河发展起来的一个典范。在窑湾古镇上，仍保留着许多明清时期鳞次栉比的富商宅院和当年商帮气势恢宏的会馆建筑。

淮安被称为"运河之都"，它的命运随着大运河的兴衰而变化。公元前486年，古邗沟联通江淮以后，淮安就成为"南船北马"的转运码头。在邗沟入淮的末口迅速兴起了一个北辰镇。

隋唐北宋时期，淮安成为我国南北航运的枢纽和运河沿线一座名城，白居易在诗文中称淮安为"淮水东南第一州"。

明清时期，"天下财富，半出江南"。朝廷对江南的需求越来越多，为了维护漕运安全，明清两代都把漕运与河道总督府设在淮安，此时的淮安扼漕运、盐运、河工、榷关、邮驿之机杼。

大量的货物、商旅人员源源不断涌进淮安。当时的淮安市井繁华、物资丰富，各色人等汇聚，进入到历史上最为鼎盛时期，成为运河线上与扬州、苏州、杭州齐名的"四大都市"之一。

在历史上，扬州的空前繁荣与富足，主要原因还是它的航运枢纽地位，漕运、盐运的咽喉地位所致。从东汉广陵太守陈登对古邗沟进行疏通改线后，运河的通航能力大为增强，使扬州迎来了它的第一个繁荣时代。

从此，扬州的日趋繁荣，唐宋时期，扬州迎来了历史上第二个繁荣时代。

明清时期，京杭运河运输能力的提高，使扬州进入了最为鼎盛的时期。根据有关资料，1772年，清朝朝廷中央户部仅存银7800余万两，而扬州盐商手中的商业资本几乎与之相等。

至清代末年，漕粮改为海运，运河交通迅速衰落，至光绪时期后期，漕运停止，沿运河发展而繁华起来的许多城市有所凋敝。

二是运河的漕运文化内涵。

漕运文化是我国古代社会、经济、文化和科技发展水平的集中体现。运河是活着的文化遗产，漕运文化是运河文化的内涵之一。

漕运兴于秦而亡于清。漕运对我国历代政权的存在和延续发挥了巨大的作用，因此，发展漕运历来为历代的统治者所重视。

宋代人承认，漕运为"立国之本"，明代学者将运河与漕运喻之为"人之咽喉"，并且，清代思想家康有为也说："古代漕运之制，为中国大政。"

京城是封建王朝的国都，这里人口密集，经济繁荣，如何保证京城皇宗和显贵，以及社会上不同人们的生活需求供应，是国家的一件大事。

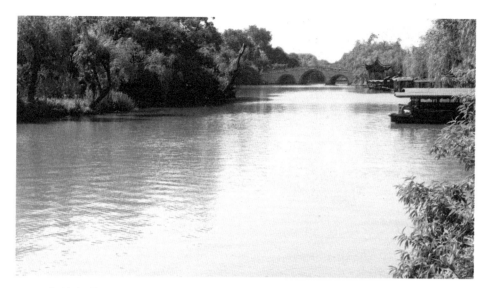

唐代初期，每年漕运粮食只有20万石左右，至天宝时期，每年漕运增至400万石。安史之乱以后，因地方割据势力劫取漕粮，岁运漕粮不过40万石，能进陕渭粮仓的十三四万石。

唐德宗建中年间，淮南节度使李希烈攻陷汴州，使唐朝朝廷失去了汴渠漕运的控制权，因物资供应不上，使得京城陷入绝境，唐帝国处在风雨飘摇之中。

789年，有一次长安城发生粮荒时，恰好江淮的镇海军节度使韩晃把3000石米运到关中，皇帝大喜，对太子说道："米已至陕，我父子得生矣！"

这个典型事例，生动地说明了漕运与国家命运的密切关系。

至宋朝，对漕运非常重视，宋太祖曾对向他献宝的大臣说过："朕有三件宝带与此不同……汴河一条，惠民河一条，五丈河一条。"

明清两代除了重视京杭大运河的整治和运河航运工程建设外，也非常重视漕运的管理工作。

明代永乐皇帝迁都北京后，为了保证把漕粮如数运达北京，明朝朝廷设置了专门的军管和政府管两套班子，制定了许多漕运管理制度和保障措施。

漕运总兵和总督一职的官员级别一般是正二品或三品，朝廷还派五名户部主持官充任监总官，往返巡查，以监督兑运。地方衙门还设置趱运官和押运官，负责漕粮进京准时到达。

为了及时处理漕运途中出现的刑事案件，明朝朝廷又设置了巡漕御史，理刑主事等官职。在基层漕官中还设置卫守备，统管本卫各帮人船。卫守备之下有千总，千总之下设把总和外委等下级军官，协助千总管理本帮漕务。

漕运沿途还有各种役夫，分为闸夫、溜夫、坝夫、浅夫、泉夫、湖夫、塘夫、捞沙夫、挑港夫等，从北京通州至江苏瓜州的京杭运河，共设各种役夫47000多人。

清代京杭运河管理机构及漕务管理办法沿袭明制。漕运总督官衔为二品，参将为正三品，均属于位高权重的大吏。

各代封建王朝，在繁盛时期，一靠强大的中央集权政治统治，二靠庞大的漕运管理组织，把全国各地的粮食和物资源源不断地运往京城，维护着封建王朝的繁华局面。

当王朝统治者出现腐败无能、地方出现割据、诸侯各霸一方的时候，国家的漕运也就难以维持了。

三是运河的水利文化内涵。

作为古代人工开凿的大运河，充分利用了自然水域发展航运。

在开挖运河之前，人们先根据地形来设计运河线路，巧妙地把天然的大小河道湖泊洼地串联起来。这样，不仅节省工程量，同时使运河水源也有了保证。邗沟、鸿沟、通济渠、京杭运河等人工运河都充分体现了这个特点。

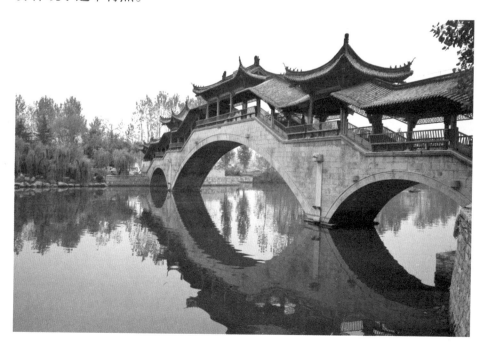

运河水源系统多元化，也是它的水文化内涵之一。邗沟的水源来自于长江和淮河。鸿沟的水源来源，除了黄河与淮河外，黄淮之间的许多湖泊和支流河道，都是鸿沟的水源。

淮河流域段的京杭运河水源更为复杂，山东省济宁境内因地势高运河水靠闸控制，所以称"闸漕"，水源除引汶、泗两条河水外，还有145个山泉供水。

苏鲁两省边境段运河称"河漕"。因运河是借黄河行运的。苏北南段运河称"湖漕"，因为该段运河靠湖泊供水。

运河水利工程技术先进，主要项目包括河道、闸坝、护岸与供水等项工程。在秦汉时期，是用斗门来调解水位。

至唐代，除了斗门还在使用外，在运河上出现了堰、埭建筑物。唐代后期，斗门又逐步向简单船闸演变。

至宋代，再用水力、人力或畜力拖船过堰的办法，已不能适应宋代航运事业发展的需要，于是，劳动人民就在这条运河上创建了复闸

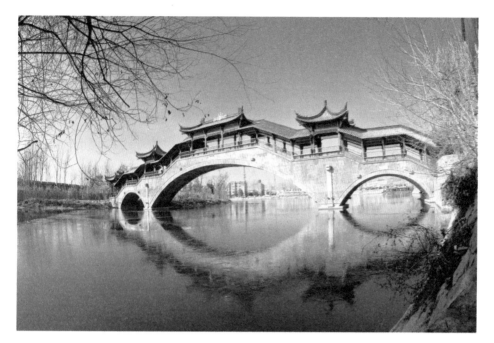

和澳闸。

复闸即船闸，创建于984年，这座船闸，史称"西河闸"。宋代人用船闸代替堰、埭，这不能不说是运河工程技术史上的一大创举。

澳闸就是在船闸旁开辟一个蓄水池，将船闸过船时流出的水或雨水，储入水澳，当运河供水不足时，再将水澳里的水提供给船闸使用。为此，可以说，澳闸解决了船闸水源不足的问题，也是运河工程技术的完善与进步。

元明清三代对京杭运河的开凿与整治工程做出巨大贡献的人有：科学家郭守敬、名臣宋礼、水利学家潘季驯、河道总督靳辅等人，以及汶上县老人白英。

尤其是明代永乐年间，工部尚书宋礼，采用白英的建议，引汶泗水济运，创建南旺运河水南北分流枢纽工程，解决了南旺运河水源不足的问题，受到后人的称颂。

创建运河南旺分水枢纽工程，使明清两代会通河保持勃勃生机，它是我国运河天人合一治水模式的一个典型示范，客观上符合水资源循环利用规律。

苏北黄淮运河交汇的清口河道曲折成"之"字形运河，是明清两代人民精心治理演变，逐步创造而成的一项伟大的航运科技成就。

江南漕船北上要翻过黄河进入中运河，必须通过清口盘山公路式的"之"字形运河，行程10千米，平均需要三四天时间，逆行需要人拉纤，走得很慢，下行如同坐滑梯，异常惊险。

在古代，我国人民巧妙地运用各种挡水的闸坝工程调控，创造出"之"字形河道，延长行程来减缓河水流速，保障航行安全，这是我国航运史上又一大创举。

四是京杭运河的文学艺术内涵。

人工运河是历代文人雅士展现其才华的平台，他们为运河而歌，也与运河荣辱与共。

山东济宁的人物之盛甲于齐鲁，名人巨卿和文人墨客侨寓特别多，春秋时孔子弟子及其后裔在此安家，唐朝诗人贺知章在任城做过官。济宁太白楼是唐代诗人李白常去饮酒赋诗、会朋别友之地，他的许多名篇，如《行路难》和《将进酒》等作品都是在此创作的。

李白在济宁居住时间较长，留下许多传奇故事。

汴水流，泗水流，流到瓜洲古渡头，吴山点点愁。

这是唐代诗人白居易在徐州创作的《长相思》里的诗句。

唐代另一位大诗人韩愈不仅在徐州做过官，他的母亲李氏也是徐州人，他与徐州有着不解之缘。

北宋诗人苏轼任徐州知州，到任不到三个月，就带领军民抗御黄河洪水，奋战70多天，战胜了洪水，保住了徐州城，因此受到宋神宗皇帝褒奖。

苏轼在徐州任职两年，除政绩卓著外，还创作了170多首诗与大量的散文。

在徐州生活、工作或旅行的作家、诗人有很多，如我国古代山水诗人谢灵运、唐代诗仙李白、晚唐时期诗人李商隐、北宋时期政治家、文学家范仲淹、南宋时期民族英雄文天祥、元代诗人萨都剌、明代治水名臣潘季驯等，都为徐州留下了许多著名的诗篇和散文作品。

运河文化是淮安地区历史文化的主流。从文化品种来看，除诗、文、赋、八股等传统作品外，小说和戏曲创作成就更加显著。

在我国古典小说四大名著中，除《红楼梦》外，其它三部都与淮安有密切关系。

《水浒传》的作者施耐庵，在元末明初居住在江苏省淮安，他根据宋江等梁山好汉占领淮安时留下的传说故事和淮安画家龚开创作的《宋江三十六人画赞》等素材，妙手编著了一部有极高文学价值和社会价值的古典名著，开创了我国白话小说的先河。

罗贯中是施耐庵的学生，长期居于淮安，他除了协助老师著书外，自己还创作一部流传千古的名著《三国演义》。

　　吴承恩出生在淮安一个商人家庭，是土生土长的淮安人。他从小聪明，爱听神奇故事，爱读稗官野史，博览群书，这为他创作神话小说打了基础。

　　成年后，吴承恩在科举和仕途奔波中屡遭失败后，于1570年回到家乡淮安。他闭门读书，广泛收集资料，利用晚年时光创作了一部家喻户晓的著名神话小说《西游记》。

　　扬州是与运河同龄的一座历史古城。运河经济的繁荣，为文化发展奠定了基础。从汉代开始就有许多史学家和诗人，如辞赋家枚乘、邹阳，建安七子陈琳，南北朝杰出诗人鲍照等，都曾用诗赋文学作品介绍了扬州的繁荣。

　　唐宋时期，扬州成为南北运河的枢纽，促进了扬州经济进入第二个繁荣时代。这时，各路文人墨客汇聚扬州，写出大量反映扬州繁荣的文史作品。

如北宋司马光在《资治通鉴》中说：

　　　　扬州富庶甲天下。

张祜诗写道：

　　　　十里长街市井连，月明桥上有神仙。

徐凝的诗写道：

　　　　天下三分明月夜，二分明月在扬州。

　　唐代扬州文化，如日中天，十分辉煌。史学家李廷光撰写了《唐代扬州史考》，其中就介绍了十多位扬州籍的学者、作家和艺术家。

　　在李廷光的另一部《唐代诗人与扬州》一书中，列出了骆宾王、王昌龄、李白、孟浩然、刘禹锡、白居易、张祜、李商隐、杜牧、皮日休等57位诗人，在扬州的活动及其歌咏扬州的诗篇。

两宋时期，扬州仍然是文学家歌咏之地。如王禹偁的《海仙花诗》，以及晏殊《浣溪沙》中的名句：

无可奈何花落去，似曾相识燕归来。

诗人欧阳修、梅晓臣、秦观等也多次来扬州游历。大诗人苏轼还任过扬州知府。

元明清三代，扬州也是文学家神往的地方。如元代诗人萨都剌，数度游扬州，留下许多名篇。明代散文家张岱，他的《扬州清明》和《二十四桥风月》等作品，都成为反映扬州社会风情的一面镜子。

清代文化的繁荣与盐商对文化的贡献有关，如吴敬梓创作《儒林外史》，孔尚任参加淮扬治水过程中收集了许多与《桃花扇》创作有关资料。

18世纪声誉画坛的"扬州八怪"之一汪士慎等人都得到过盐商的资助。

另外，清代扬州曲艺艺术也极发达，评话、弹词和戏剧等百花齐放，争奇斗妍。

京杭大运河显示了我国古代水利航运工程技术领先于世界的卓越成就，留下了丰富的历史文化遗存，孕育了一座座璀璨明珠般的名城古镇，积淀了深厚悠久的文化底蕴，凝聚了我国政治、经济、文化和社会诸多领域的庞大信息。

大运河与长城同是中华民族文化身份的象征。保护好京杭大运河，对于传承人类文明，促进社会和谐发展，具有极其重大的意义。

知识点滴

在京杭大运河两岸，还孕育了许多动人的故事。

一天，一婢女正在水闸的石级间洗衫，突然有一条大鲤鱼跃到岸上，正好落在婢女的洗衣盆中，她又惊又喜，忙用衣服盖住跳到盆中的鲤鱼，急急返到厨房将鱼放进水缸。

原来，在人工运河建成后，维立在这里放养了一批鱼苗，并经常在晚香亭观鱼戏水，以此来消除自己妻子过世的惆怅。当婢女告诉他鲤鱼跳上岸一事后，他便亲自将鱼放回运河中。

当晚，维立做了一个梦，他梦见那条鲤鱼慢慢地游到他的身边，变成一位美丽的少女，朝他嫣然一笑。数年后，他邂逅了一位叫谭玉英的姑娘，相貌极似梦中的那个美丽少女，于是娶了她为第二个妻子。谭玉英长得如花似玉，被称为"潭边美人"，婚后夫妻无比恩爱。

关中郑国渠

　　郑国渠是公元前237年，秦王政采纳韩国水利家郑国的建议，并由郑国主持兴建开凿的。其全长150余千米，由渠首、引水渠和灌溉渠三部分组成。郑国渠的修建首开引泾灌溉的技术先河，对后世产生了深远的影响。

　　郑国渠的灌溉面积达18万平方千米，成为我国古代最大的一条灌溉渠道。郑国渠自秦国开凿以来，历经各个王朝的建设，先后有白渠、郑白渠、丰利渠、王御使渠、广惠渠和泾惠渠，一直造福着当地。引泾渠首除历代故渠外，还有大量的碑刻文献，堪称蕴藏丰富的我国水利断代史博物馆。

十年建造中的一波三折

　　战国时，我国的历史朝着建立统一国家的方向发展，一些强大的诸侯国，都想以自己为中心，统一全国。兼并战争十分剧烈。

　　关中是秦国的基地，它为了增强自己的经济力量，以便在兼并战争中立于不败之地，很需要发展关中的农田水利，以提高秦国的粮食产量。

　　韩国是秦国的东邻。战国末期，在秦、齐、楚、燕、赵、魏、韩七国中，当秦国的国力蒸蒸日上，虎视眈眈，欲有事于东方时，首当其冲的韩国，却孱弱到不堪一击的地步，随时都有可能被秦国并吞。

一想到秦国大兵压境，吞并韩国的情景，韩桓王不免忧心忡忡。

一天，韩桓王召集群臣商议退敌之策，一位大臣献计说，秦王好大喜功，经常兴建各种大工程，我们可以借此拖垮秦国，使其不能东进伐韩。

韩桓王听后，喜出望外，立即下令物色一个合适的人选去实施这个"疲秦之计"。后来水工郑国被举荐承担这一艰巨而又十分危险的任务，受命赴秦。

郑国到秦国面见秦王之后，陈述了修渠灌溉的好处，极力劝说秦王开渠引泾水，灌溉关中平原北部的农田。

这一年是公元前237年，也正好是秦王政十年。本来就想发展水利的秦国，很快地采纳这一诱人的建议，委托郑国负责在关中修建一条大渠。

不仅如此，秦王还立即征集大量的人力和物力，任命郑国主持，兴建这一工程。

据历史研究，当时修建郑国渠多达10万人，而郑国本人则成为这项庞大工程的总负责人。郑国渠能在这个时期建造，因为从春秋中期以后，铁制的农具和工具已经普遍使用了。

据史料记载，郑国设计引泾水灌溉工程充分利用关中平原的地理和水系特点，利用关中平原西北高、东南低的地形，又在平原上找到了一条屋脊一样的最高线，这样，渠水就由高向低实现了自流灌溉。

为了保证灌溉用的水源，郑国渠采用了独特的"横绝"技术，就是通过拦堵沿途的清峪河和蚀峪河等河流，让河水流入郑国渠，由于有了充分的水源和灌溉，河流下游的土地得到了极大的改善。

在郑国渠中，最为著名的就是石川河横绝，在陕西省阎良县的庙口村，是郑国渠同石川河交汇的河滩地。郑国渠巧妙地连通了泾河和洛水，取之于水，用之于地，又归之于水，这样的设计，真可以说是巧夺天工。

郑国作为主持这项工程的筹划设计者，在施工中表现出了他杰出的智慧和才能。他创造的"横绝技术"，使渠道跨过冶峪河、清河等大小河流，把常流量拦入渠中，增加了水源。

他利用横向环流，巧妙地解决了粗沙入渠，堵塞渠道的问题，表明他拥有较高的河流水文知识。

据测量，郑国渠平均坡降为0.64%，也反映出他具有很高的测量技术水平，他是我国古代卓越的水利科学家，其科学技术成就得到后世的一致公认。

有诗句称颂他：

郑国千秋业，百世功在农。

公元前237年，郑国渠就要完工了，此时一件意外的事情出现了，秦国识破了韩国修建水渠原来是拖垮秦国的一个阴谋，是"疲秦之计"。

处在危急之中的郑国平静地对秦王

说："不错，当初，韩国派我来，确实是作为间谍建议修渠的。我作为韩臣民，为自己的国君效力，这是天经地义的事，杀身成仁，也是为了国家祈求国事太平。"

"不过当初那'疲秦之计'，只不过是韩王的一厢情愿罢了。陛下和众大臣可以想想，即使大渠竭尽了秦国之力，暂且无力伐韩，对韩国来说，只是苟安数岁罢了，可是渠修成之后，可为秦国造福万代。在郑国看来，这是一项崇高的事业。"

"郑国我并非不知道，天长日久，疲秦之计必然暴露，那将有粉身碎骨的危险。郑国我之所以披星戴月，为修大渠呕心沥血，正是不忍抛弃我所认定的这项崇高事业。若不为此，渠开工之后，恐怕陛下出十万赏钱，也无从找到郑国的下落了。"

嬴政是位很有远见卓识的政治家，认为郑国说得很有道理，同时，秦国的水工技术还比较落后，在技术上也需要郑国，所以一如既往，仍然对郑国加以重用。

经过十多年努力全渠修建竣工，人称"郑国渠"。这项原本为了消耗秦国国力的渠道工程，反而大大增强了秦国的经济实力，加速了秦统一天下的进程。

这条从泾水到洛水灌溉工程在设计和建造上充分利用当地的河流和地势特点，有不少独创之处。

第一，在渠系布置上，干渠设在渭

北平原二级阶地的最高线上，从而使整个灌区都处于干渠控制之下，既能灌及全区，又形成全面的自流灌溉。这在当时的技术水平和生产条件之下，是件很了不起的事情。

第二，渠首位置选择在泾水流出群山进入渭北平原的峡口下游，这里河身较窄，引流无需修筑长的堤坝。另外这里河床比较平坦，泾水流速减缓，部分粗沙因此沉积，可减少渠道淤积。

第三，在引水渠南面修退水渠，可以把水渠里过剩的水泄到泾河中去。川泽结合，利用泾阳西北的焦获泽，蓄泄多余渠水。

第四，采用"横绝技术"，把沿渠小河截断，将其来水导入干渠之中。"横绝技术"带来的好处一方面是把"横绝"了的小河下游腾出来的土地变成了可以耕种的良田；另一方面小河水注入郑国渠，增加了灌溉水源。

郑国渠修成后，曾长期发挥灌溉效益，促进了关中的经济发展。

公元前230年，也就是郑国渠建成六年后，秦军直指韩国，此时的关中平原已经变成了秦国大军的粮仓。对这时的秦国来说，"疲秦之计"真正变成了强秦之策。郑国渠建成15年后，秦灭六国，实现了天下的统一。

如果从这点来看的话，证明秦国在当时有一个非常清楚的战略考虑。秦国在一个整体宏观的战略构想下，最后权衡利弊得出了一个结论，那就是修建水利工程对于开发关中农业的意义，远远能够抵消掉对国力造成的消耗。

这是秦国最后决定一定要把工程修下去的本质原因。

公元前236年，郑国渠工程从它戏剧性的开始，一波三折，用了十年时间终于修建成功。郑国渠和都江堰一北一南，遥相呼应，从而使秦国挟持的关中平原和成都平原，赢得了"天府之国"的美名。

郑国渠是以泾水为水源，灌溉渭水北面农田的一项水利工程。《史记·河渠书》和《汉书》记载，它的渠首工程，东起中山，西至瓠口。中山和瓠口后来分别称为"仲山"和"谷口"，都在泾县西北，隔着泾水，东西相望。

它是一座有坝引水工程，它东起距泾水东岸1.8千米，名叫"尖嘴的高坡"，西至泾水西岸100多米王里湾村南边的山头，全长约为2.3千米。

其中河床上的350米，早被洪水冲毁，已经无迹可寻，而其他残存部分，历历可见。经测定，这些残部，底宽尚有100多米，顶宽1米至

20米不等，残高6米。可以想见，当年这一工程是非常宏伟的。

关于郑国渠的渠道，在《史记》和《汉书》都记得十分简略，《水经注·沮水注》比较详细一些。根据古书记载和实地考查，它大体位于北山南麓，在泾阳、三原、富平、蒲城、白水等县二级阶地的最高位置上，由西向东，沿线与冶峪、清峪、浊峪和沮漆等水相交。

郑国渠将干渠布置在平原北缘较高的位置上，便于穿凿支渠南下，灌溉南面的大片农田。可见当时的设计是比较合理的，测量的水平也已经很高了。

不过泾水是著名的多沙河流，古代有"泾水一石，其泥数斗"的说法，郑国渠以多沙的泾水作为水渠的水源，这样的比降又嫌偏小。比降小，流速慢，泥沙容易沉积，渠道易被堵塞。

郑国渠建成后，经济、政治效益显著，《史记》和《汉书》记载：

渠就，用注填阏之水，溉舄卤之地四万余顷，收皆亩一钟，于是关中为沃野，无凶年，秦以富强，卒并诸侯，因名曰郑国渠。

其中一钟为六石四斗，比当时黄河中游一般亩产一石半，要高许多倍。

知识点滴

郑国渠工程，西起仲山西麓谷口，在谷口筑石堰坝，抬高水位，拦截泾水入渠。利用西北微高，东南略低的地形，渠的主干线沿北山南麓自西向东伸展，干渠总长近150千米。沿途拦腰截断沿山河流，将冶水、清水、浊水、石川水等收入渠中，以加大水量。

在关中平原北部，泾、洛、渭之间构成密如蛛网的灌溉系统，使干旱缺雨的关中平原得到灌溉。郑国渠修成后，大大改变了关中的农业生产面貌，用注填淤之水，溉泽卤之地。就是用含泥沙量较大的泾水进行灌溉，增加土质肥力，改造了盐碱地40000余顷。一向落后的关中农业，迅速发达起来，雨量稀少，土地贫瘠的关中，开始变得富庶甲天下。

历史久远的渠首和沿革

郑国渠的渠首位于陕西省泾阳西北约1千米处的泾河左岸。泾河自冲出群山峡谷进入渭北平原后，河床逐渐展宽，成一"S"形大弯道，与左岸三级阶地前沿450米等高线正好构成一个葫芦形的地貌。

这一带即古代所称"瓠口"。其东有仲山，西有九嵕山。郑国渠渠首的引水口就位于这个地方。

在泾河二级阶地的陡壁上，有两处渠口，均呈"U"形断面，相距约有100米。上游渠口距泾惠渠进水闸处测量基点约为4.8千米，渠口从现地面量得上宽19米，底宽4.5米，渠深7米。下游渠口遗迹上宽20米，底宽3米，渠深8米，两断面渠底高于河床约15米。

由于河床下切，河岸崩塌，原来的引水口及部分渠道已被冲毁，但两处渠口相距很近，而且高度又大体相同，符合郑国渠引洪灌溉多渠首引水需要。

渠口所在的泾河二级阶地为第四纪山前洪积及河流冲积松散堆积。在古渠口遗迹下有一条由东南转东方向长500余米的古渠道遗迹，下接郑白渠故道，两岸渠堤保留基本完整，高7米左右，中间渠床已平为农田，宽20米至22米。

在古渠道的右侧，有东西向土堤一道，长400余米，高6米左右，顶宽20米，北坡陡峭，南坡较缓，距故道50米至100米。

经分析，此土堤为人工堆积而成，没有夯压的迹象，是郑国渠开渠及清淤弃土，堆积于渠道下游，逐年累月形成的挡水土堤，以利于引洪灌溉。

郑国渠把渠首选在谷口，其干渠自谷口沿北原自西而东布置在渭北平原二级阶地的最高线上，并将沿线与渠道交叉的冶峪、清峪和浊峪等小河水拦河入渠。

既增加渠道流量，又充分利用了北原以南、泾渭河以北这块西北高、东南低地区的地形特点，形成了全部自流灌溉，从而最大限度地控制了灌溉面积。

郑国渠在春秋末期建成之后，历代陆续在这里完善其水利设施，先后历经汉代的白公渠、唐代的三白渠、宋代的丰利渠、元代的王御史渠、明代的广惠渠和通济渠及清代的龙洞渠等历代渠道。

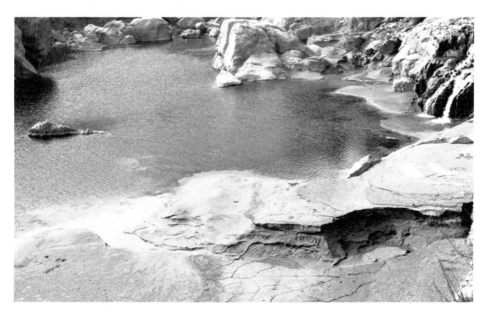

汉代有民谣说道：

> 田于何所？池阳、谷口。郑国在前，白渠起后。举锸
> 为云，决渠为雨。泾水一石，其泥数斗，且溉且粪，长我禾
> 黍。衣食京师，亿万之口。

称颂的就是这项引泾工程。

公元前95年，赵中大夫白公建议增建新渠，以便引泾水东行，至栎阳注于渭水，名为"白渠"，所灌溉的区域称为"郑白渠"。前秦苻坚时期曾发动30000民工整修郑白渠。

唐代的郑白渠有三条干渠，即太白渠、中白渠和南白渠，又称"三白渠"。灌区主要分布于石川河以西，只有中白渠穿过石川河，在下县也就是渭南东北25千米，缓缓注入金氏陂。

唐代初期，郑白渠可灌田约为6.7万平方千米，后来由于大量地建

造水磨，灌溉面积减少至约4.1万平方千米。当时郑白渠的管理制度在当时的水利管理法规《水部式》中有专门的条款。渠首枢纽包括有六孔闸门的进水闸和分水堰。

宋代改为临时性梢桩坝，每年都要进行重修。由于引水困难后代曾多次将引水渠口上移。主要有北宋时期改建工程，共修石渠约1千米，土渠1千米，灌溉面积约13.3万平方千米，并更名为"丰利渠"。

元代初期改渠首临时坝为石坝，至1314年延展石渠近200米，有拦河坝仍系石结构，后称"王御史渠"，灌溉面积曾达6万公顷。灌区有分水闸135座，并制订了一整套管理制度。在元代进士李好文所著的《长安志图·汉渠图说》中有详细的记载。

至明代，曾十多次维修泾渠，天顺至成化年间将干渠上移500多米，改称"广惠渠"。由于渠口引水困难，灌溉面积逐年缩小。

1737年，引泾渠口封闭，专引泉水灌溉，改称"龙洞渠"，灌溉面积为4600多公顷，至清代末年更是减少至了1300多公顷。泾惠渠初步建成之后，引泾灌溉又重新得到恢复和进一步的发展。

后来的一年，陕西的关中地区发生了大旱，三年颗粒不收，饿殍遍野。迫切需要引泾灌溉，解决燃眉之急。

著名的水利专家李仪祉临危受命，毅然决然地挑起修泾惠渠的千秋重任，历时两年时间，修成了泾惠渠，可灌溉4万公顷的土地，一直惠及着沿岸的土地和百姓。

郑国渠的作用不仅仅在于它发挥灌溉效益的100多年，还在于首开了引泾灌溉的先河，对后世的引泾灌溉发生着深远的影响。

除了历代的河渠之外，还有大量的碑刻和文献，堪称蕴藏丰富的我国水利断代史博物馆，异常珍贵。

知识点滴

相传，在战国时期，思想和科技的制度非常开明，才俊们到异国献计得到重用的游士制度非常普遍。各国将水利作为强国之本的思想已经产生，对秦国来说，兴修水利更是固本培元和兼并六国的战略部署。

当时秦国的关中平原还没有大型水利工程，因此韩国认为这一计策最有可能被接受。肩负拯救韩国命运的郑国，在咸阳宫见到了秦王政及主政者吕不韦，提出了修渠建议。

韩国的建议与秦王及吕不韦急于建功立业的想法不谋而合，秦国当年就组织力量开始修建郑国渠。

四川 都江堰

　　都江堰位于四川成都的都江堰，是我国建设于古代并一直使用的大型水利工程，被誉为"世界水利文化的鼻祖"，是全国著名的旅游胜地。

　　都江堰水利工程是由秦国蜀郡太守李冰及其子率众于公元前256年左右修建的，是普天之下年代最久、唯一留存、以无坝引水为特征的宏大水利工程。

　　2000多年来，都江堰水利一直发挥着巨大的效益，李冰治水，功在当代，利在千秋，不愧为文明世界的伟大杰作，造福人民的伟大水利工程。

古往今来的沧桑历史

　　岷江是长江上游一条较大的支流，发源于四川省北部高山地区。

　　每当春夏山洪暴发的时候，江水奔腾而下，从灌县进入成都平原，由于河道狭窄，古时常常引发洪灾，洪水一退，又是沙石千里。而灌县岷江东岸的玉垒山又阻碍了江水的东流，造成东旱西涝。

　　这一带的水旱灾害异常严重，成为修建都江堰的自然因素。同时，都江堰的创建，又有其特定的历史根源。

　　战国时期，烽火四起，战乱纷

呈，饱受战乱之苦的人民，渴望我国尽快统一。

当时，经过商鞅变法改革的秦国，一时名君贤相辈出，国势日益强盛。他们正确认识到巴蜀在统一全国中特殊的战略地位，并提出了"得蜀则得楚，楚亡则天下并矣"的观点。

在这一历史大背景下，战国末期秦昭王委任知天文、识地理、隐居岷峨的李冰为蜀国郡守。

于是，一个工程浩大、影响深远的都江堰水利枢纽工程开始了。

李冰受命担任了蜀郡郡守之后，就带着自己的儿子二郎，从秦晋高原风尘仆仆地来到多山的蜀都。

那时，蜀郡正闹水灾。父子俩立即去了灾情严重的渝成县，站在玉垒山虎头岩上观察水势。只见滔滔江水从万山丛中奔流下来，一浪高过一浪，不断拍打着悬岩。那岩嘴直伸至江心，迫使江心的水南流。每年洪水天，南路一片汪洋，吞没人畜。东边郭县一带却又缺水灌田，旱情异常严重。

虎头岩脚下有条未凿通的旧沟，是早先蜀国丞相鳖灵凿山的遗迹。听当地父老说，只要凿开玉垒山，并在江心筑一道分水堤，使江流一分为二，便可引水从新开的河道过郭县，直达成都。

那时，筑城、造船和修桥等所急需的梓柏大竹，都可在高山采伐后随水漂流，运往成都。化水害为水利，那该多好啊！

"看来，鳖灵选定这里凿山开江，真是高明呀！"李冰连声赞叹。但接着他又想到："鳖灵掘了很长时间，却一直没有凿通，可见这工程之艰巨！而且玉垒山全是子母岩构成，坚硬得很呀！"

李冰在山岩上低头想着凿岩导江的办法。忽然，它看见两只公鸡，一只红毛高冠，一只黑羽长尾，正在岩上争啄收割后遗落的谷粒。

啄着啄着，两只鸡忽然打起架来。原来有些谷粒落在石头缝里，两只鸡都吃不到，便气愤相斗。只见它们伸直了脖子，怒目对看，转眼间展翅腾跃起来，四爪相加，红黑的毛羽四散纷飞。

像这样斗了几个回合，黑鸡战败，落荒逃走。红鸡仍在原处不停地猛啄，过了一些时候，终于将岩石啄开，饱食了落在石缝里的谷粒，然后高叫一声，雄赳赳地迈步走开了。

斗鸡的情景，给了李冰很深的印象。那小小的公鸡能用它的嘴壳啄穿岩层，人还不能用他们的双手劈开大石、凿通水渠吗？于是，他下定决心，不怕任何艰难险阻，一定要凿通水渠。

公元前256年，秦国蜀郡太守李冰和他的儿子在吸取了前人治水经验的情况下，率领当地人民，主持修建了都江堰水利工程。

都江堰的整体规划是将岷江水流分成两条，其中一条水流引入成都平原，这样既可以分洪减灾，又可以引水灌田，变害为利。其主体工程包括鱼嘴分水堤、飞沙堰溢洪道和宝瓶口进水口。

在修建之前，李冰父子先邀集了许多有治水经验的农民，对地形和水情作了实地勘察，决定凿穿玉垒山引水。

之所以要修宝瓶口，是因为只有打通玉垒山，使岷江水能够畅通流向东边，才可以减少西边江水的流量，使之不再泛滥，同时也能解除东边地区的干旱，使滔滔江水流入旱区，灌溉那里的良田。这是治水患的关键环节，也是都江堰工程的第一步。

工程开始后，李冰便以火烧石使岩石爆裂，历尽千难，终于在玉垒山凿出了一个宽20米，高40米，长80米的山口。因其形状酷似瓶口，故取名"宝瓶口"，把开凿玉垒山分离的石堆叫作"离堆"。

宝瓶口引水工程完成后，虽然起到了分流和灌溉的作用，但因江东地势较高，江水难以流入宝瓶口。为了使岷江水能够顺利东流而且保持一定的流量，并充分发挥宝瓶口的分洪和灌溉作用，李冰在开凿完宝瓶口以后，又决定在岷江中修筑分水堰，将江水分为两支。由于分水堰前端的形状好像一条鱼的头部，所以人们又称它为"鱼嘴"。

建成的鱼嘴将上游奔流的江水一分为二，西边称为"外江"，沿岷江顺流而下。东边称为"内江"，流入宝瓶口。

由于内江窄而深，外江宽而浅，枯水季节水位较低，则60%的江

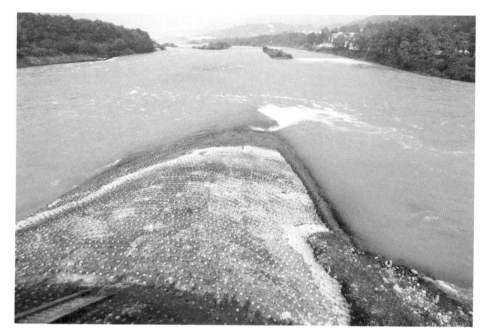

水流入河床低的内江，保证了成都平原的生产生活用水。

　　而当洪水来临，由于水位较高，于是大部分江水从江面较宽的外江排走。这种自动分配内外江水量的设计就是所谓的"四六分水"。

　　为了进一步控制流入宝瓶口的水量，起到分洪和减灾的作用，防止灌溉区的水量忽大忽小，不能保持稳定的情况，李冰又在鱼嘴分水堤的尾部，靠着宝瓶口的地方，修建了分洪用的平水槽和"飞沙堰"溢洪道，以保证内江无灾害。

　　溢洪道前修有弯道，江水形成环流，江水超过堰顶时洪水中夹带的泥石便流至外江，这样便不会淤塞内江和宝瓶口水道，故取名"飞沙堰"。

　　飞沙堰采用竹笼装卵石的办法堆筑，堰顶达到合适的高度，起调节水量的作用。

　　当内江水位过高的时候，洪水就经由平水槽漫过飞沙堰流入外江，使得进入时瓶口的水量不致太大，以保障内江灌溉区免遭水灾。

同时，漫过飞沙堰流入外江的水流产生了漩涡，由于离心作用，泥沙甚至是巨石都会被抛过飞沙堰，因此还可以有效地减少泥沙在宝瓶口周围的沉积。

为了观测和控制内江水量，李冰又雕刻了三个石桩人像，放于水中，以"枯水不淹足，洪水不过肩"来确定水位。他还凿制石马置于江心，以此作为每年最小水量时淘滩的标准。

在李冰的组织带领下，人们克服重重困难，经过八年的努力，终于建成了这一宏大的历史工程。

都江堰建成之后，惠及了成都平原的大片土地。成都平原能够如此富饶，被人们称为"天府"乐土，从根本上说，是李冰创建都江堰的结果。

所以《史记》说道：

都江堰建成，使成都平原水旱从人，不知饥馑，时无荒年，天下谓之"天府"也。

都江堰建成之后，历经了上千年的风雨而保存完好，并给当地人们带来了巨大的利益，这与它独特而科学的设计有关。

都江堰的第一个设计特点就是充分发挥了岷江的悬江优势。岷江高悬于成都平原之上，是地地道道的悬江。李冰既看到岷江悬江危险，制造灾难的一面，又看到了它富含潜力和可以开发利用的一面。

岷江坡陡流急，从成都平原西侧直流向南，成都平原依岷江从西向东、从西北向东南逐步倾斜。李冰采取工程措施，正确处理这种关系，使岷江悬江劣势转化为悬江优势，从而创造出了伟大的都江堰。

都江堰的第二个设计特点就是建设约束保障工程体系。整个都江堰工程设计巧妙、牢固可靠、相互衔接、完整配套，实现了优化和强化约束，及尽兴岷江之利，尽除岷江之害的工程保证。

所谓优化和强化约束，即采取工程措施，改善和加强河道对河流的约束条件，使之兴利避害，造福一方。

还应该指出的是，直接利用每年修"深淘滩"挖出的泥沙和鹅卵石，建设低堰、高岸、渠系水库，从而形成科学、状观、十分牢靠的防洪大堤，完整的渠系，星罗棋布的水闸和水库，从而建成了一个功能不断延伸的水利工程体系。

这既保证了都江堰工程自身的成功，也为各大江河的治理提供了具体和完整的经验。

都江堰的第三个设计特点就是采取科学的泥沙处理方式。

都江堰工程历经了初创、改进优化的长期发展过程。这一发展过程是围绕宝瓶口和处理泥沙展开的，正确处理泥沙是都江堰保证长期使用的重要条件。

李冰修建宝瓶口，位置选在成都平原的最高点，岷江出山谷，流量逐步变大的河道下端，使环流力度逐步加大，形成了环流飞沙的态势。宝瓶口呈倒梯形，下接人字堤和飞沙堰，提高了溢流飞沙效果。

因为这些独特设计，都江堰可以把98％的泥沙留在岷江，进入宝瓶口的泥沙只占2％。岷江水推移质多，悬浮质少，也是增强飞沙效果的重要原因。

这是一种适应岷江实际的、十分巧妙的、特定的泥沙处理方式。

都江堰修成后，它为当地人民带来的福祉得到了社会的认可。在历史上，许多名人都曾到这里考察，许多事件都围绕都江堰发生，在我国的历史上具有举足轻重的影响。

公元前111年，司马迁奉命出使西南时，实地考察了都江堰。他在

《史记·河渠书》中记载了李冰创建都江堰的功绩。这是人们了解到的关于都江堰较早、较权威的记录。

228年，诸葛亮准备北征时，他认为都江堰为农业和国家经济发展的重要支柱。为了保护好都江堰，诸葛亮征集兵丁1200多人加以守护，并设专职堰官进行经常性的管理维护。

诸葛亮设兵护堰开启了都江堰之管理先河，在此以后，历代政府都设专职水利官员管理都江堰。

至唐代，杜甫晚年寓居成都，761年，杜甫曾游历都江堰与青城山，之后又多次登临，并写下了《登楼》、《石犀行》和《阆中奉送二十四舅使自京赴任青城》等脍炙人口的诗歌19首。

他在《赠王二十四侍御契四十韵》一诗中写道：

灌口江如练，蚕崖雪似银。

名园当翠巘，野棹没青蘋。

屡喜王侯宅，时邀江海人。

追随不觉晚，款曲动弥旬。

但使芝兰秀，何烦栋宇邻。

山阳无俗物，郑驿正留宾。

这是《赠王二十四侍御契四十韵》其中的一节。诗中的"灌口江如练，吞崖雪似银"之句，形象地写出了岷江的气势。

宋代诗人陆游，曾经在都江堰游玩了一些时日。在他所保存下来的诗中，就有七首诗写在青城山都江堰。

陆游在《离堆伏龙祠观孙太古画英惠王像》中写道：

> 岷山导江书禹贡，江流蹴山山为动。
> 呜呼秦守信豪杰，千年遗迹人犹诵。
> 决江一支溉数州，至今禾黍连云种。
> 孙翁下笔开生面，岌嶪高冠摩屋栋。

诗的"岷江导江书禹贡，江流蹴山山为动"之句，将岷江的不凡气势，以山动形象的描摹，岷江水的声势跃然纸上。接下来，"决江一支溉数州，至今禾黍连云种"之句，体现了诗人对都江堰水利工程的赞誉。

陆游在另一首《视筑堤》的诗中，还提到"长堤百丈卧霁虹"，以此来赞誉都江堰的修建者李冰父子的大手笔。

元世祖至元年间，意大利旅行家马可·波罗从陕西汉中骑马，走了20多天，抵达了成都，并游览了都江堰。后来，马可·波罗也在他的《马可·波罗游记》一书中提到了都江堰。

至清代，文人墨客对都江堰更是青睐无比，其中也不乏优秀之作。比较有名的有清人董湘琴的诗句。

这位以《松游小唱》名震川西的贡生，在他的《游伏龙观随吟》中写道：

峡口雷声震碧端，离堆凿破几经年！
流出古今秦汉月，问他伏龙可曾寒？

清代举人蔡维藩在他的《奎光塔》中写道：

水走山飞去未休，插天一塔锁江流。
锦江远揖回澜势，秀野平分灌口秋。

清代还有一位贡生名叫山春，他留下的墨迹其中有吟咏都江堰放水节的。他在所作的《灌阳竹枝词》中写道：

都江堰水沃西川，人到开时涌岸边。
喜看枊槎频撒处，欢声雷动说耕田。

都江堰年年的放水节都是人潮涌动，欢声如雷，蔚为壮观，贡生山春形象地描写了这种场面。同时，这首诗清新自然，平实无华，又浅显易懂，为人们所喜爱。

都江堰的放水节，不仅有贡生山春为它写词，连古代的举人也为它写诗。

灌县本土的著名举人之一罗骏生，在他的《观都江堰放水》中写道：

河渠秦绩屡丰年，大利归农蜀守贤。
山郭水村皆入画，神皋天府各名田。
富强不落商君后，陆海尤居郑国先。
调剂二江浇万井，桃花春浪远连天。

这首诗其实是观放水后的心得体会。全诗无一字描绘放水的胜景，却道出了都江堰这项工程的重大意义，竭力讴歌了这项工程的伟大，诗中溢满感恩之情。

清代同治年间，德国地理学家李希霍芬来都江堰考察。他以专家的眼光，盛赞都江堰灌溉方法之完美，普天之下都无与伦比。

1872年，李希霍芬曾在《李希霍芬男爵书简》中设置了专章介绍都江堰。因此，人们认为李希霍芬是把都江堰详细介绍给世界的第一人。

都江堰水利工程，是我国古代人民智慧的结晶，是中华文化划时代的杰作。它开创了我国古代水利史上的新纪元，标志着我国水利史进入了一个新的阶段，在世界水利史上写下了光辉的一章。

都江堰工程的创建，以不破坏自然资源，充分利用自然资源为人类服务为前提，变害为利，使人、地、水三者高度协和统一，是普天下仅存的一项古代时期的伟大"生态水利工程"。

都江堰水利工程是我国古代历史上最成功的水利杰作，更是一直沿用2000多年的古代水利工程。那些与之兴建时间大致相同的灌溉系统，都因沧海变迁和时间的推移，或淹没，或失效，唯有都江堰独树一帜，一直滋润着天府之国的万顷良田。

据传说岷江里有一条孽龙，经常有事没事翻来滚去。它这一滚，老百姓却苦不堪言，一时间地无收成，民不聊生。

当时，梅山上有七个猎人，尤其是排行老二的二郎本领最高。听说孽龙作乱，他们就下山擒龙。在灌县看到孽龙正在水中休息，七个猎人二话没说，跳进岷江，与孽龙搏斗起来。

双方恶战了七天七夜，也没分出胜负。到了第八天，二郎的六个兄弟全部战死，孽龙也筋疲力尽，负了重伤。二郎把孽龙拖到灌县，拿了条铁锁链锁在孽龙身上，把它拖到玉垒山，让它打了个滚，滚出一条水道，叫"宝瓶口"。最后把孽龙丢进宝瓶口上方的伏龙潭里，让它向宝瓶口吐水。

为了防止孽龙再次作乱，老百姓还在宝瓶口下方修了一座锁龙桥。这样，都江堰的雏形其实就出现了。也就是这样，历史上第一个都江堰修筑者的版本出现了，蜀人都说，是二郎修建了都江堰。当然只是个神话，可见修建都江堰的不易。在技术落后的古代，任何一项工程，都凝聚了无数建筑者的智慧和血汗。

知识点滴

具有丰富内涵的古堰风韵

　　都江堰不仅具有都江堰水利枢纽工程，还有许多其他古迹名胜，如二王庙、伏龙观、安澜索桥和清溪园等。

　　都江堰地区的古迹名胜，历史悠久，既有极高的历史和文化价值，也有较高的游览价值，受到了普天下人们的喜爱。

　　都江堰在三国时期，曾叫作"大堰"，堰首旁边有一个大坪名叫

"马超坪"。相传，它是三国时候蜀汉丞相诸葛亮派大将马超镇守大堰和扎营练兵的地方。

　　蜀汉初年，曹操为了夺取西川，派人说动了西羌王，调了很多人马，逼近蜀国西北边境

的锁阳城。诸葛丞相知道之后，十分焦急。

他想："那锁阳城再往下走就是大堰，此堰是蜀国农业命脉，国家财力的根本，还关系到蜀国京都的安危，万万不可疏忽大意呀！"

于是，诸葛亮决定派一员大将前去镇守，但派哪个最好呢？东挑西选，最后把这副重担，落在了平西将军马超的肩上。因为诸葛亮知道，马超不仅做事细致稳当，他的先辈与羌人还有亲戚，而且羌人素来敬重马超，尊他为"神威天将军"。

马超临走时，诸葛亮特地请他前去相府，摆酒饯行。酒过三巡，诸葛亮出了个题目，要马超用一个字来说明自己去后的打算，但先不说出来，把这个字写在手板心上。

诸葛亮也把自己的想法，写成一个字表示，同样也写在手板心上。然后，俩人一齐摊开手掌，看看哪个的计谋好。

马超高兴地答应了，俩人又饮了几杯酒，便叫人取来笔墨，各在自己的手心里写了一个字。写好后，他们同时把手心摊开，互相一看，不禁哈哈大笑，原来再巧不过，两人都写了一个"和"字。

马超问："此行领兵多少？"

诸葛亮说："3000！"

马超吃了一惊，忙问："既然要和，为何还要带这么多兵呢？"

诸葛亮摇摇羽扇，笑着说："将军以为多带些兵就是要大动干戈么？我看将军此行，不光是守好大堰，安定西疆，还要趁此良机练兵。羌人爬山最在行，又会在穷山恶水间架设索桥，要好好学会这一套，今后南征北战，都用得着这些本领的。"

第二天，马超就带着队伍，开到大堰旁边的大坪上安营扎寨。那时候，大堰一带居住的人家，除汉人外，岷江东岸数羌人最多，西岸僚人也不少。他们听说马超领着大队人马来了，认为必有一番厮杀，全都摩拳擦掌，调动兵丁严加戒备。

谁知马超却派他手下对羌、僚情况最熟悉的得力将校，带上诸葛亮的亲笔信件，到羌寨、僚村，拜见他们的头人。

信里说：蜀汉皇帝决定与羌家、僚家世世代代友好下去，还把早先刘璋取名的"镇夷关"改名为"雁门关"，把"镇僚关"改为"僚泽关"，永远让两边百姓，自由自在地串亲戚、做买卖。

除了信件，还带去了马超的请帖，邀请羌、僚首领在这两座边关换挂新匾额的时候前来赴会。

羌、僚首领看了诸葛亮的信和马超的请帖，起初半信半疑，最后想到诸葛神机妙算，计谋又多得很，不晓得这回他那葫芦里又装的什么药，还是"踩着石头过河——稳到来"。

于是，他们在锁阳城到大堰一带设下埋伏，察看动静，不轻易抛头露面。同时，还派了一些探子，混进"镇夷关"来摸底细。

到了换匾那天，两座雄关，披红挂绿，喜气洋洋。马超将铠甲换成了白袍，十分潇洒，只带少数随从，抬了两份厚礼到会。他们没有携带刀矛剑戟，也没有暗藏强弓硬弩，设下什么伏兵。

　　羌、僚首领听了探子的回报，还不放心，又亲自在四周仔细观察动静，等这一切都看得清清楚楚，心头的疑团解开了，才高高兴兴地前来赴会。

　　马超先叫人把蜀汉皇帝准备的锦缎、茶叶、金银珠宝送给羌僚首领，然后双方各自回敬了礼物。

　　这时，在鼓乐声中，马超指着两块金光闪闪的匾，对客人说："汉人、羌人、僚人本是一家人，我马家不就和羌家世代结亲吗！你们看，天上的大雁，春来飞向北方落脚，秋后又去南方做窝，高山大河也阻挡不了他们探亲访友，多亲热呀！我们原本都是亲戚，就更该亲热才好呀！所以，我们应该让雁门关和僚泽关成为我们走亲戚的通道，而不是把它们变成兵戎相见的战场。"

　　羌、僚两首领听得心里热乎乎的，这才佩服诸葛亮丞相是以诚待人，高高兴兴地接受了礼物。换上新匾后，马超便把自己守护大堰的事向两家头人说了。

两位首领都说："汉家、羌家、僚家同饮一江水，恩情赛弟兄，我们一定帮助将军管好、护好、修好大堰。"

从此，大堰一带边境安宁，买卖兴旺，并在堰首摆起摊子，搭起帐篷，兴起集市。

日子过得飞快，一晃就是一年。马超不但保住了大堰安宁，还带领部下向羌人和僚人学会了开山、修寨、搭索桥。

到了修堰的时候，羌、僚各寨的丁壮都来相帮，大堰修得更加坚实、更加风光。开水那天，各寨首领都兴冲冲地来了。马超在军帐里摆酒待客，大家边喝酒，边畅谈。

羌、僚两家首领说："千千万万座高山呵！各有个名字，千千万万条江河呵！各有个名字。两座雄关已换了新名，这大堰也该换个新名儿才好呀！"

马超说："我们都盼大堰永保平安，就叫他'都安堰'如何？"

说得满堂都哈哈大笑起来。大堰从此改名为"都安堰"。

后来，众人又提出给马超安营扎寨的大坪也起个名字，马超却挡住说："千万不可！千万不可！马超无功无德，不敢受赐！"

尽管马超千谢万谢，说什么也不同意，但人们还是把那山坪叫作了"马超坪"。

二王庙又称为"玉垒仙都"二王庙，这个庙宇最早是纪念蜀主的望帝祠，后来望帝祠被迁走后，留下来的望帝祠遗址，就成了专祀李冰的二王庙。

二王庙的古建筑群典雅宏伟，别具一格。它依山傍水，在地势狭窄之处修建，上下落差高达50多米。

然而，二王庙的建筑师却在如此狭窄的地面上修建了6000多平方米的楼堂殿阁，使二王庙五步一楼，十步一阁，上下转换多变。

同时，建筑师还巧妙地利用围墙、照壁和保坎衬护，使二王庙形成了多层次、高峻、幽深和宏丽的壮观景象。

　　一般寺庙的山门都是一个，而且是在正面，而二王庙的山门却很别致，设计师利用大道两旁的地形，在东西两侧各建一座山门，好似殷勤好客的主人同时欢迎着东西两方的游客。

　　进入山门过四合院，折而向上，便可见到乐楼，乐楼建于通道之上，小巧玲珑，古色古香。庙会期间，会在乐楼上设乐队奏乐迎宾。

　　从乐楼拾级而上便是灌澜亭，亭阁建在高台上。高台正面砌为照壁，刻治水名言，与下面的乐楼和后面的参天古树相映托，显得高大壮观。

　　站在二王庙正门前，举目是三个苍劲的大字"二王庙"。从这几个字中，人们可以感到笔者对一个真正的治水英雄是何等的推崇，每一个字都不敢有任何疏忽，每一笔画中都凝聚着敬意。

匾额下的双合大门正对着陡斜的层层石梯，由石梯向上望，二王庙仿佛深处云霄之中，给人以人间仙境之感。

二王庙真正的主殿是庙内一座重廊环绕的阔庭大院，正中平台上是纪念李冰父子的两座大殿。前殿祭祀李冰，后殿祭祀李二郎。

主殿周围布满了香楠、古柏、银杏和绿柳护卫。清晨，霞光照耀，晨风阵阵，柳絮槐花，漫天飞扬，犹如仙女散花。时近黄昏，晚岚四起，云雨霏霏，整个二王庙又掩映在烟波云海里，宛如海市蜃楼，"玉垒仙都"之名即由此而来。

伏龙观在都江堰离堆的北端。传说李冰父子治水时曾制服岷江孽龙，将其锁于离堆下伏龙潭中，后人依此立祠祭祀。北宋初改名伏龙观，才开始以道士掌管香火。

伏龙观有殿宇三座，前殿正中立有东汉时期所雕的李冰石像。像高2.9米，重4.5吨，造型简洁朴素，神态从容持重。

石像胸前襟袖间有隶书铭文三行。中行为"故蜀郡李府君讳冰"，这表明石像是已故的蜀郡守李冰。"讳"是封建时代称死去的皇帝或尊长的名字。

左行为"建宁元年闰月戊申朔二十五日都水掾"，"都水"，是东汉郡府管理水利的行政部门。"掾"，是郡太守的掾吏，他代表郡太守常住都水官府。左行点明了这个雕塑的制作时间是在东汉，因建宁元年是东汉灵帝的年号，而且是郡太守常住都水掾的掾吏制作的。

右行为"尹龙长陈壹造三神石人珍水万世焉"。"珍水"，即镇水。这行标明了蜀郡都水掾的尹龙，都水长陈壹造的李冰和另两人的石刻雕像作万世镇水用。这尊东汉石刻李冰像已有1800多年的历史了，是研究都江堰水利史十分珍贵的"国宝"。

秦堰楼因都江堰建于秦代而得名，为后来所建设。它依山而立，雄峙江岸，结构精巧，峻拔壮观。在秦堰楼还没有建成之前，这里曾是一个观景台，又称"幸福台"。

登上秦堰楼极目眺望，都江堰三大水利工程、安澜桥、二王庙、古驿道、玉垒雄关、岷岭雪山和青城山峰等尽收眼底，甚为壮观。

松茂古道长300多千米，是西南丝绸之路的西山南段，由都江堰经汶川，茂县直至松潘。

松茂古道属于历史上著名的茶马古道。茶马古道起源古代的茶马互市，可以说是先有互市，而后有古道。茶马互市是我国西部历史上，汉藏民族间一种传统的以茶易马或以马换茶为内容的贸易方式。

茶马贸易繁荣了古代西部地区的经济文化，同时也造就了茶马古道这条传播的路径。

松茂古道就是有着这种历史古韵的古道，这条山道自秦汉以来，尤其是唐代与吐蕃设"茶马互市"时，就是北接川甘青边区，南接川西平原的商旅通衢和军事要道。

自古以来就是沟通成都平原和川西少数民族地区经济、文化的重要走廊，是联结藏、羌、回、汉各族人民的纽带，在蜀地交通运输、经济文化史上，留下了光辉的篇章。

松茂古道古称"冉駹山道"，李冰创建都江堰时，多得湔氏之力，因而凿通龙溪、娘子岭迳通冉的山道。后来，又经过了许多代人的努力，才形成这条松茂古道。

玉垒关又名"七盘关"，因属于松茂古道的第七关而得名。同时，他还是古代屏障川西平原的要隘，也是千余年来古堰旁的一处胜景。

玉垒关早在三国时期已作为城防，不过那时非常简陋，真正意义上建关是在唐朝贞观年间。当时，唐朝与吐蕃之间一直处在战争与和平交替出现的局面。

为此，唐朝便相继在川西和吐蕃接壤的通道上，设置了关隘作为防御的屏障，玉垒关就是在此背景下于唐贞观年间修建的重要关隘。

玉垒关这道关口像是在成都平原与川西北高原之间加上的一把锁，被誉为"川西钥匙"，为保证成都平原的和平稳定发展发挥了极大的作用。

玉垒关上与山接，下与江连，可谓一夫当关万夫莫开的易守难攻之地。

不过在和平时期，打开关口，人们仍可领略过去茶马互市集散地的繁荣景象。在玉垒关的关门上还有一副楹联：

玉垒峙雄关，山色平分江左右；

金川流远派，水光清绕岸东西。

这副楹联形象地描绘出了玉垒关的景色，极富诗情画意。

都江堰附近的古迹名胜还有许多处，这些古迹名胜和古老的都江堰水利工程一起，成为了都江堰的胜景，千百年来，吸引了无数的人们前来观赏。

南桥位于宝瓶口下的内江咽喉，属于廊式古桥。此桥在宋代以前无考，元代为"凌云桥"，明代改为"绳桥"。1878年，当地县令陆葆德用丁宝桢大修都江堰结余的银两，设计施工，建成了木桥，取名"普济桥"。

后来，木制的普济桥毁于洪水，重建时增建了牌坊形桥门，仍为五孔，长45米，宽10米，并正式定名为"南桥"。

之后，又对南桥进行了改建。改建后的南桥桥头增建了桥亭、石阶、花圃，桥身雕梁画栋，桥廊增饰诗画匾联。

同时，南桥上还有各种彩绘，雕梁画栋十分耀眼。屋顶还有《海瑞罢官》《水漫金山》和《孙悟空三打白骨精》等民间的彩塑，情态各异，栩栩如生。因此，南桥不仅保持了古桥风貌，而且建筑艺术十分考究。

城隍庙始建于清代乾隆年间，是一座封建世俗性很强的庙宇。庙宇设计风格独特，依山取势，依坡形地势建筑，结构极为谨严奇巧，是富有道家哲学思想的道教古建筑。

自下仰望，城隍庙建筑群分为上下两区，呈丁字形。登百余级石阶，进头道山门，两旁为"十殿"。

在一条30多米长的上行梯道两侧，呈对称跌落布局。每殿相邻，可见层层飞檐，如入云霄，有一种森严神奇之感，有蜀中"鬼城"的叫法。

这些独特的文化风韵，形成了都江堰别具一格的"古堰拜水"，成为都江堰的一大特色。

千百年来，许多文人墨客以及历史名人，都曾来到这里参观古堰。

这些历史人物的到来，给古堰留下了名人的踪迹，有些人还为都江堰留下了许多文学佳作。

除此之外，围绕都江堰的一些传说故事，有的在民间广为流传，有的还经过文人之手进行了文学加工。这些都成了都江堰文化的一部分，给千年古堰营造了深厚的文化氛围。

知识点滴

都江堰最初的名字并不叫都江堰，这个名字的由来，历史上有一个演变过程。

秦蜀郡太守李冰建堰初期，都江堰名叫"湔堋"。这是因为都江堰旁的玉垒山，秦汉以前叫湔山，而那时都江堰周围的主要居住民族是氐羌人，他们把堰叫作"堋"，于是都江堰就有了"湔堋"之名。

三国蜀汉时期，都江堰地区设置都安县，因县得名，都江堰又称"都安堰"。同时，又叫"金堤"，这是为了突出鱼嘴分水堤的作用，用堤代堰而来的名称。

至唐代，都江堰改称为"楗尾堰"。直至宋代，在宋史中，才第一次提到都江堰。

从宋代开始，把整个都江堰水利系统工程概括起来，叫"都江堰"，才较为准确地代表了整个水利工程系统。此后，都江堰这个名字就被一直沿用了下来。